长江流域山洪灾害风险评估与防御体系构建

张平仓 杜 俊 任洪玉 董林垚 著

科学出版社

北 京

内 容 简 介

　　山洪灾害是当今世界上防治难度最大的自然灾害之一。长江流域横跨我国三级阶梯,地质地貌类型复杂多样,降水丰富,时空变异大,流域内山洪灾害普遍发育,类型齐全,分布广泛,是我国山洪灾害防治的重点区域。本书在山洪灾害影响因素分析、成灾条件相似性和差异性分析的基础上,对长江流域山洪灾害开展风险评估,并针对区域山洪灾害类型特点,提出适宜不同地区的山洪灾害防治的非工程措施与工程措施的有效组合模式,为构建和完善长江流域山洪灾害防御体系提供科学支撑。

　　本书适合地质学、水利工程等相关专业的高等学校高年级学生及水土保持相关行业的科研工作者、技术工作者阅读和参考。

图书在版编目(CIP)数据

长江流域山洪灾害风险评估与防御体系构建/张平仓等著. —北京:科学出版社,2020.6

ISBN 978-7-03-064393-3

I.①长… II.①张… III.①长江流域–山洪–山地灾害–风险评价 ②长江流域–山洪–山地灾害–灾害防治 IV.①P426.616

中国版本图书馆 CIP 数据核字（2020）第 025861 号

责任编辑:孙寓明/责任校对:高 嵘
责任印制:彭 超/封面设计:苏 波

科 学 出 版 社 出版

北京东黄城根北街 16 号
邮政编码:100717
http://www.sciencep.com

武汉精一佳印刷有限公司印刷
科学出版社发行　各地新华书店经销

*

开本:787×1092　1/16
2020 年 6 月第 一 版　　印张:11 3/4
2020 年 6 月第一次印刷　　字数:301 000

定价:139.00 元

(如有印装质量问题,我社负责调换)

山洪灾害突发性强、发灾频率高、破坏力强,防治难度极大。长江流域横跨我国地势三级阶梯,地质地貌条件复杂,降水丰富、时空变异大,经济社会发展程度较高,流域内山洪灾害普遍发育。据统计,中华人民共和国成立以来,长江流域内约 10 000 条溪河洪水沟发生过山洪灾害,灾害次数超过 40 000 次,是我国山洪灾害最为严重的区域,也是我国山洪灾害防治的重点区域。由于流域内山洪灾害点多面广,各类灾害(链)的严重程度和威胁情况不一,加之区内人口分布和经济社会发展程度差异较大,完全套用相似标准的山洪灾害防御措施并不能充分满足区内灾害预防差异化的客观需求。

据此,在国家重点研发计划"山洪灾害监测预警关键技术与集成示范"(2017YFC1502500)、水利部公益性行业科研专项经费项目"长江流域山洪灾害区域特征及防御体系研究"(201301059)和国家自然科学基金项目"洪积扇地表形态对山洪水沙条件的响应及其灾害效应"(41501109)的支持下,本书通过对长江流域山洪灾害形成发育因素的定性和定量分析,明确各类因素在溪河洪水、溪洪–(崩塌)滑坡和溪洪–(崩滑)–泥石流等不同类型的山洪灾害(链)形成中的作用差异,结合单一灾种及复合灾害链的形成过程和空间分布,阐明长江流域山洪灾害区域的分异规律,完成长江流域山洪灾害类型区的划分及预警难易程度和风险特征分析。针对区域山洪灾害类型特点,本书提出适宜长江流域不同区域山洪灾害的非工程措施与工程措施相结合的各类有效防御组合模式,构建长江流域山洪灾害防御体系,以期抛砖引玉,在因地、因尺度制宜方面,为山丘区山洪灾害防治范式建设提供技术支撑。

本书从研究架构上大体分为五部分内容。

(1)长江流域山洪灾害发育基本要素识别。主要内容依据《全国山洪灾害防治规划》中长江流域各省(自治区、直辖市)山洪灾害调查资料,结合降雨、地质地貌等自然条件和人口分布、经济发展程度等社会经济条件分析,研究主要自然和社会经济等因素与山洪灾害发生发展的相关关系,提出影响长江流域山洪灾害发育状况的主要影响因素。

(2)长江流域不同类型的山洪灾害形成及特点分析。在山洪灾害影响因素初步识别的基础上,选择长江流域主要山洪灾害易发区,确定各类因素在溪河洪水、泥石流、滑坡等不同复合(灾害链)类型的山洪灾害形成中的主导作用,分析单一(溪河洪水)及复合(灾害链)类型的山洪灾害的形成特征,阐明长江流域不同类型的山洪灾害的主要控制因素。

(3)长江流域山洪灾害多尺度风险评估及类型区划分。基于长江流域单一及复合类型的山洪灾害的主要控制因素，开展多尺度风险评估研究，从小流域、中小河流、县域、长江流域四个不同的层级尺度，采用过程风险评估和要素风险评估开展相关研究，分析长江流域山洪灾害的时空发展变化，研究长江流域不同区域的山洪灾害分布特征及发展规律，选择易于获取并最能反映长江流域山洪灾害的危害程度及发展规律的各影响因子，结合流域的经济社会发展趋势分析和防治现状，划分长江流域山洪灾害防治类型区。

（4）长江流域山洪灾害防御对策研究。在长江流域山洪灾害区域特征、形成特点分析及类型区划分的基础上，进行区域不同类型的山洪灾害（单一、复合类型）的防御性论证，阐明可预警和难以预警的山洪灾害种类，提出区域不同种类（可预警、难以预警）山洪灾害的防御对策。

（5）长江流域山洪灾害防御体系模式构建。基于长江流域区域特征分析和长江流域山洪灾害防御对策研究，分析典型山洪灾害类型区非工程措施与工程措施的制定、实施和效果，提出适宜长江流域不同区域的山洪灾害防治的非工程措施与工程措施相结合的各类有效防御组合模式，构建长江流域山洪灾害防御体系。

在技术框架上，本书按照"机制分析—风险评估—对策研究—模式构建"的思路，基于宏观与微观相结合，综合运用统计分析、模型模拟、3S 技术、模式构建等方法，研究自然和人类活动影响下不同空间尺度的山洪灾害发育格局，并提出基于成因要素和过程分析的山洪灾害风险评估和防御模式：通过野外调查收集小流域、省域、大流域等不同空间尺度的水文、气象及下垫面资料，采用多尺度分析方法研究长江流域不同类型的山洪泥石流的空间发育格局及其驱动机制。同时应用多因子统计分析法、主成分分析法、概率分析法，研究影响山洪灾害的关键因素，在过程风险评估中，定量表达小尺度水文气象要素变化情景下，各影响因素对山洪灾害形成与发生的贡献，确定山洪灾害预警的指标及阈值。结合 3S 技术与区域社会经济环境要素的变化特点，确定不同尺度的山洪灾害风险度的指标体系，采用层次分析法、熵值法等权重设计方法，建立相关评价模型，对不同空间尺度、不同山洪类别进行风险评估，探讨变化环境下多尺度山洪灾害风险图的编制原理及方法。在上述研究的基础上，结合已有预警预报案例，进行科学评估，补充完善并提出有针对性的山洪灾害预警预报体系，为山丘区山洪灾害防治范式建设提供技术支撑。

全书的基本内容与框架由张平仓主导设计，共有 7 章，其中第 1 章主要由张平仓和杜俊撰写，第 2 章主要由任洪玉、杜俊和孙莉英撰写，第 3 章主要由任洪玉撰写，第 4 章主要由杜俊和孙莉英撰写，第 5 章主要由杜俊撰写，第 6 章主要由董林垚和张长伟撰写，第 7 章主要由董林垚、蔡道明和杜俊撰写。此外，范仲杰、张洪雅、韩培和许文涛也参与了部分章节的撰写和整理工作。全书由张平仓和杜俊统稿。

由于作者水平和时间有限，书中难免有疏漏和欠妥之处，敬请专家、同行和读者提出宝贵意见。

作　者

2019 年 10 月 26 日于武汉

目 录

第 1 章

绪 论

1.1 研 究 背 景

山洪灾害具有突发性强、发灾频率高和破坏性大等特点,预测预防难度极大,是当今世界防治难度最大的自然灾害之一。我国由于幅员辽阔、空间要素异质性高,加之山丘区面积占比高、降水时空变异大、经济社会发展程度不均,饱受山洪灾害侵扰。频繁的山洪灾害不仅会对基础设施造成毁灭性破坏,还会严重影响人民群众的生命财产安全,特别是随着改革开放以来我国经济社会的高速发展,山丘区人口规模和经济体量日渐扩张,山洪灾害的威胁也与日俱增,已经成为当前影响我国山丘区经济社会可持续发展的突出问题之一。

面对日益严峻的山洪防治形势,国务院于 2006 年批复了我国首个山洪灾害防治规划——《全国山洪灾害防治规划》,标志着我国山洪灾害防治进入一个崭新的阶段。近年来,国家对山洪灾害防治工作力度不断加强,在《国家中长期科学和技术发展规划纲要(2006—2020 年)》中,明确将重大自然灾害监测与防御、国家公共安全应急信息平台、生态脆弱区域生态系统功能的恢复重建列为 11 个重点领域的第 62 项、第 57 项和第 14 项,并提出重点研究开发地震、台风、暴雨、洪水、地质灾害等监测、预警和应急处置的关键技术,以及重大自然灾害的综合风险分析评估技术。这些举措均表明,山洪灾害基础研究及防治工作已经成为关系国计民生而又亟待解决的突出问题之一,科学防治山洪灾害具有重要的现实意义。

长江流域横跨我国地势三级阶梯,地质地貌类型复杂多样,降水丰富、时空变异大,经济社会发展程度较高,流域内山洪灾害普遍发育,类型齐全,分布广泛。据统计,中华人民共和国成立以来,长江流域内约 10 000 条溪河洪水沟发生过山洪灾害,灾害次数超过 40 000 次;超过 5 000 条泥石流沟发生过灾害,灾害次数超过 7 000 次;滑坡灾害超过 10 000 次。长江流域的山洪,以及由其引发的泥石流、滑坡灾害均超过全国灾害总数的 50% 以上,是我国山洪(及次生,以下略)灾害最为严重的区域,也是我国山洪灾害防治的重点区域。由于流域内山洪灾害点多面广,各类灾害(链)严重程度和威胁情况不一,对人民群众的生命和财产安全造成的影响也有差异,加之流域内人口分布和经济社会发展程度差异较大,现有山洪灾害防御措施和防御能力也有所差异。

面对如此复杂的局面,一方面不可能搞"大包干",对所有具有发灾潜势的山洪沟进行全面治理,因为不现实;另一方面不适宜搞"一刀切",对所有地区的山洪沟都采取相同或相近的方法或措施进行管理或防御,因为不科学。因此,有必要在山洪灾害成灾条件相似性和差异性分析的基础上,掌握山洪发育及成灾要素的区域分异规律,依据各地区不同的自然和人文地理条件,归纳山洪发育的区域特征和风险格局,进而将长江流域划分为不同类型的子区,明确各子区的山洪灾害的发生特点和预警难度,从而在纷繁复杂的局势下分清轻重缓急,突出当前山洪灾害防治工作的重点,采取因地制宜的防灾减灾对策,为系统和扎实地推进流域山洪灾害防治工作提供科学依据。

本书旨在阐明长江流域山洪发育与成灾的区域背景和山洪形成过程,揭示不同类型的山洪灾害(链)空间分布的关键驱动因子,构建基于要素分析和过程分析的山洪灾害风险评估方法,以及预警难易程度评估方法,并在此基础上提出防治分类体系,针对不同类型区的宏观防御对策和针对小流域村落和社区山洪预报预警的微观防御范式，为长江流域山洪灾害防治工作提供科学依据，促进流域经济社会的平稳有序和健康发展。

1.2 山洪灾害的研究进展

1.2.1 山洪灾害的内涵

山洪灾害由"山洪"与"灾害"两个名词构成，前者为因，后者为果，两个名词共同构成"山洪灾害"这一因果事件。更严谨地说，山洪灾害是指由山洪所引发的一系列直接或间接的，对特定时空范围内的人类生存和发展造成一定规模的不利影响事件的总和。典型的不利影响包括经济财产损失、人员伤亡、资源与环境破坏等方面。显然，"山洪"之于"山洪灾害"，是这一词组的关键，当承灾体情况一定，山洪的特性直接决定了破坏的形式与损失的大小。那么究竟何为山洪？它的特点是什么？又与通常所说的一般洪水有怎样的区别呢？

在我国，"山洪"一词最初是民间对山丘区沟道或河流发生较大规模的水沙运动事件的一种统称。显然这一概念不论作为学术研究还是工程防治的对象都过于宽泛，因此，国内学界和防汛部门曾尝试从不同角度对山洪及山洪沟进行界定。1981 年，徐在庸在《山洪及其防治》一书中，指出山洪是"山区溪流中特大的溪流或水位急剧上涨的现象"，突出了山洪的高流量和水位暴涨的特征；1982 年，北京林业大学的王礼先在《北京林学院学报》上发表的《关于荒溪分类》一文中，将山区流域面积在 100 km^2 以内，容易在暴雨或融雪的作用下形成携带沙石碎屑物的洪流的山溪称为"荒溪"。这一概念的意义在于明确了山洪泥石流沟发生范围的上限，以及相关过程的激发要素，为开展针对性的防治工作提供了一定的依据；1989 年，山西省人民防空办公室的姚昆中则直接将山洪定义为"山溪性中小河道发生的暴雨型洪水"，在发生流域的范围上有所扩大，并更偏向于单纯的洪流；进入 20 世纪 90 年代，山洪的概念趋于统一。尽管仍有部分学者坚持将泥石流视为一种特殊的山洪，学界和防汛部门则更倾向于用"山丘区小流域突发的、暴涨陡落的地表径流"来表述山洪，即狭义山洪。

国外发展较成熟且与国内"山洪"接近的英文名词是 flash flood，依据美国国家气象局（National Weather Service，NWS）给出的定义，flash flood 意为地势低洼地区发生的快速泛滥洪水，多由暴雨、冰塞或大坝溃决等原因造成，与普通洪水最大的区别在于洪水历时很短，一般不超过 6 h。与国内"山洪"的不同在于，flash flood 突出了泛滥过程，并不强调洪水的发育环境在山区，大范围飓风在平缓地区引发的洪水也可以是 flash flood。考虑到国内"山洪"一般也是在相对平缓的冲洪积扇或滩地泛滥成灾，两类概念又都强调了山洪的核心特征——过程迅速、暴涨陡落，且相关的防治方法基本一致，本书将两类概念视为等同。

综上所述，本书所描述的山洪，具体是指，在山丘区内由暴雨、融雪、坝体溃决等自然或人为原因造成的，具有暴涨陡落性质的地表径流（狭义山洪），它具有来势猛、流速大、冲击力强、历时短等特点，且除了本身具体强大的破坏力外，还可能诱发崩塌、滑坡、泥石流等次生过程（广义山洪），进一步加剧过程的威胁程度和灾害损失。

1.2.2　山洪的分类

山洪的分类依属性视角不同而具有多维的特性,如对于一个给定小流域,依据洪峰流量的差异可分为大规模山洪、中等规模山洪和小规模山洪;依诱发因素不同,可分为冰雪消融(凌汛)型山洪、暴雨型山洪、溃坝型山洪等;依灾害链特征,又可分为溪河洪水,以及由溪河洪水引发的滑坡、泥石流等。可以说,对于山洪的每一项属性,都可以找到与之对应的分类,但是由于人们认知的局限及山洪过程本身的复杂性,这些分类的界限并不总是明确的,很多时候甚至难以得出一个普适的分类统计特征。本书从管理应用的角度出发,着重介绍诱发因素和灾害链两个维度的山洪分类特征。

1. 依诱发因素分类

1)冰雪消融型山洪

冰雪消融型山洪即由积雪或冰川消融而导致的山洪,一般发生在春季、夏季的中高纬地区或海拔较高的山区,如美国的宾夕法尼亚、北卡罗来纳、田纳西等州,西欧的阿尔卑斯山脉沿线国家和地区,以及我国的新疆、西藏、黑龙江等地区多有发育。在通常情况下,区域融雪率较之场次降雨强度偏低,融雪历时也更长,加之雪盖也具有一定的蓄滞作用,因此冰雪消融型山洪的洪水过程线一般较同径流量的雨致山洪偏"矮胖"和"绵长",年际变化也更为稳定。但是,当消融和降雨两种致洪机制耦合,高强度的降雨不仅会加速积雪融化,还会破坏其滞水机制,从而导致洪峰叠加,往往产生比单纯雨洪更具破坏力的山洪过程。

2)暴雨型山洪

暴雨型山洪是指由暴雨作为外营力所激发的山洪,是自然界最为常见的山洪过程,也是目前影响最为广泛、研究讨论最多的山洪类型。暴雨型山洪所需的基本发育要素很少——有充分的雨水供给和较大起伏的山地,因此分布的时间和空间范围都十分广泛。同时,由于汛期降雨多是集中连片发生,暴雨型山洪往往也具有明显的群发特征。作为山洪过程的典型代表,暴雨型山洪暴涨陡落的特性非常显著,可以在较小的时空尺度内完成数千立方米每秒的洪峰过程,与植被、土壤、岩性等下垫面要素的关系也最为直接。

3)溃坝型山洪

溃坝型山洪是指人工或自然形成的挡水物溃决,导致蓄积洪水外泄所形成的山洪,溃决体可以是大坝、堰体等人工挡水建筑物,也可以是冰碛物、滑坡体、泥石流松散堆积物等自然过程所造成的堰塞体。溃坝型山洪普遍是蓄积水体的集中释放,流量过程线较一般暴雨山洪更为"尖瘦",洪峰流量很大,且突然性极强。因此,虽然发生的频率不高,可一旦发生往往造成非常严重的灾害损失。与一般山洪发育的流域面积较小不同,溃坝型山洪特别是人工坝溃决导致的山洪,通常与所属流域的大小没有必然的联系。2018年7月23日,老挝南部阿速坡省发生的一起水电站副坝溃坝事故,造成百人以上的死亡和失踪,这是一起典型的溃坝型山洪灾害事件。

2. 依灾害链特征分类

1）溪河洪水

依据国内防汛部门的工作分类，溪河洪水大体上是季节性的山溪性洪水（溪沟洪水）和山区常年流水的小规模河流发生的洪水的总称。溪河洪水是相对于其他伴有次生过程的广义山洪类型而言的，虽然山区洪水通常会伴有不同程度的沙石和漂浮物，但不同于典型（滑坡）泥石流近似宾汉体的流态，溪河洪水仍保持了较明显的牛顿体特征。一般发育溪河洪水的流域面积均较大，重庆、湖北等地区的部分县市甚至会将流域面积在 $400\sim3\,000\ \mathrm{km}^2$ 的山丘区洪水也归类于山洪，它们的洪水历时较典型山洪更长，但要明显快于可能泛滥数周的平原区洪水，因此更适用于山洪防治体系。

2）溪河洪水–（崩塌）滑坡

滑坡是指土体、岩体或斜坡上的物质在重力作用下沿滑动面发生整体滑动的过程。滑坡发生时，会导致山体、植被和建筑物失去原貌，可能造成严重的人员伤亡和财产损失。而崩塌（崩落、垮塌或塌方）是较陡斜坡上的岩体或土体在重力作用下突然脱离母体崩落、滚动，堆积在坡脚（或沟谷）的现象。溪河洪水导致的滑坡或崩塌，主要是指沟（河）道水面线附近由于长期浸泡、冲刷并伴随降雨发生的崩滑过程或边坡失稳，多为慢性过程，可导致沿线崩岸和房屋开裂（图 1-1），危及居住安全；急性溪河洪水–（崩塌）滑坡由于暴发突然、面上覆盖，往往破坏力十分惊人。

 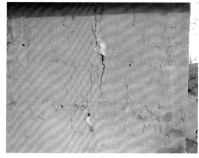

（a）地基失稳开裂的房屋 　　　　　　　（b）经过修补的开裂墙壁

图 1-1　云南昭通河岸慢性滑坡造成的房屋开裂

3）溪河洪水–（崩塌、滑坡）–泥石流

泥石流是山区沟谷中由暴雨、冰雪消融、溃坝等激发的，含有大量沙石和泥浆的特殊洪流，其单沟发育面积明显小于溪河洪水，流域面积通常在 $100\ \mathrm{km}^2$ 以下，且因松散物质的存在，整个流域又可分为物源区、流通区和堆积区三段。依据流态属性，泥石流可进一步分为稀性泥石流（水石流）和黏性泥石流两类。前者水石并行、固液分明，液相还保持牛顿体属性，在很多黏性泥石流发生的前期和末期均有出现；后者则表现出典型的宾汉体属性，阵性流特征明显。泥石流，特别是黏性泥石流由于铺床减阻效果，洪峰流速和流量均远大于一般溪河洪水（表 1-1），且水土、石耦合及起动机制复杂，预报预警难度极大。

表 1-1　典型山洪泥石流灾害案例基本参数

地点时间	流域面积/km²	相对高差/m	主沟长度/km	主沟坡度/%	冲出物量/万 m³	洪峰流量/（m³/s）
贡山 2010.8.18	46.90	3 174	14.7	21.59	350	1 260
西山坡沟 2008.9.24	1.54	1 120	4.0	27.9	34	260
小岗剑	1.36	1 177	2.6	41.2	15	—
文家沟 2010.8.13	7.81	1 519	3.3	>30.0	310	1 530
红椿沟 2010.8.14	5.35	1 288	3.6	35.8	80	485
蒋家沟	48.60	2 227	13.9	16.2	200	2 820
三眼峪 2010.8.7	25.75	2 488	5.1	30.0	150	1 220

注：整理自甘建军等（2012）、苏鹏程等（2012）、刘传正等（2011）、唐川和铁永波（2009）、李楙等（1979），其中小岗剑、蒋家沟为多次灾害暴发的统计值

1.2.3　山洪灾害的一般过程

暴雨型山洪是自然界最为普遍的山洪过程，也是长江流域发灾隐患最大的山洪类型。典型的暴雨山洪灾害可分为暴雨形成、坡面产汇流、沟（河）道洪水传播，以及洪水与承灾体相互作用四个循序渐进的部分。

一般认为，暴雨形成离不开三项基本条件，即充足的水汽供给、强烈持续的气流上升运动和大气层结构的不稳定性。强烈上升的水汽在积雨云中不断累积，直至饱和形成降雨，急剧落地。山区暴雨的形成机制则更为复杂，大起伏地势对暴雨形成的影响主要体现在两个方面，一是水汽沿迎风坡持续抬升，随着垂直运动气温不断下降，水汽逐渐凝结并最终形成地形雨；二是特殊的局部地貌，如喇叭口地形容易导致气流迅速上升，在局部范围内形成强对流天气系统。因此，山区暴雨发育不仅受到大中尺度的水汽供给和天气系统运动的影响，也会时刻被小尺度的地形起伏和立体分布的热力学特征所左右，造成小范围内气流的剧烈变化，形成历时短、强度高的特大暴雨。

雨水落地经历填洼、植被截留、入渗和蒸散发，形成产汇流。影响产汇流的因素有很多，对于小时空尺度的山洪过程而言，暴雨特性、地质地貌、植被生长、土地利用等都是关系产流多少和汇流快慢的重要因素，如相同的场次雨水总量，强大的降雨可以使土壤更快地进入饱和状态，从而增加产流；陡峭的坡地使降落的雨水无法充分入渗，更有利于加速产汇流过程；存在岩溶发育或岩层裂隙的地区，相应的地表产流量也会有相当的拆损；而土地利用/覆被更是近几十年来学界研究的热点。研究表明，植被对产汇流的影响主要体现在三个方面：植被的地上部分可以截留部分降雨，从而有效减少产流；枯枝落叶层可以改善土壤结构，增加地表糙率，并截取部分降雨；地下根层通过增加土壤孔隙度，改善土壤渗透性和固结土壤，可以在一定程度上提高土壤的入渗性能。因此，尽管仍有部分争议，学界普遍认为，高覆盖度的林草植被总体上有利于增加入渗、增大糙率和淡化洪峰，而不同类型的农业开发和城镇化、工业化则因为地表覆被的严重扰动或硬化处理导致产流增加。

随着来自坡面和冲沟内的水流向主沟（河）汇集，沟（河）道内的洪水开始源源不断地向下游传播。洪水传播过程与山洪的冲击力和波及范围直接关联，是导致山洪致灾的一个重

要环节。糙率、输沙量、漂流物性状、沟（河）道形态等均会对洪水传播及相关的洪峰过程产生显著影响。山区沟（河）床多卵砾石，沟（河）床结构相对稳定，如果石块的磨圆度普遍较高，说明河相关系趋于平衡，沟（河）床糙率较小，有利于平稳行洪；反之，石块普遍棱角分明，且有多草本或灌木生长，则沟（河）床糙率增大，影响洪水流速及流量。沙石及漂流物输移对于山洪的危险性也具有辩证的作用，大量的物质输移可以有效地消耗水流能量，减少洪流对沟（河）床及边坡的冲刷，但也会提高固液混合相的运动惯性，抬高沟（河）床或形成淤塞，增大洪水泛滥威胁。沟（河）道形态对洪水传播的影响则更为直接，依据曼宁公式可知，沟（河）段坡度越大、河宽越宽，过流能力越强。同时，洪流总是会在沟（河）道凹岸发生冲刷和顶冲漫滩，而在凸岸发生淤积。在实际行洪过程中，山洪的物质输移、沟滩形态及糙率转化是相互耦合和时刻变化的，这种复杂的变化共同决定了山洪的能量转递和破坏方式，如洪流通常携带大量沙石和碎木，遇到局部河段的自然坝体或狭窄涵洞就会发生淤塞和堆积，进而抬高河床和水位，挟沙力不足又会导致洪水进行河岸淘刷，改变河床结构并形成崩岸等。

山洪灾害是山洪过程与承灾体相互作用的结果。承灾体可以是具体的人或房屋、路桥、耕地等固定资产或资源，也可以是抽象的生产生活活动。山洪过程与承灾体的相互作用可分为山洪对承灾体的影响（即破坏和损失），以及承灾体对山洪的反作用两个方面。山洪对承灾体造成的影响或损失有直接和间接之分，对村落、工厂、人员等具体承灾体的冲击、淹没、淤埋等直接破坏形成的损失即属于前者；而因为山洪扰动所产生的各类还原或修缮活动、生产经济活动延期或停止、潜在资源环境的永久或暂时性破坏等可归类为间接损失。而如果抛开人类对山洪采取的各类防治性活动或措施，承灾体对山洪过程的反作用则主要体现在微观层面，如连片的房屋可以在一定程度上阻滞洪水扩大淹没范围，桥涵被冲击后可能发生壅堵对上游形成顶托等。然而，相对于山洪过于强大而集中的能量释放，承灾体所能起到的反作用十分有限，因此，山洪对承灾体，特别是房屋的破坏机制和损失大小往往更受关注。

1.2.4　山洪灾害防御

山洪灾害涉及地理、水文、工程地质、环境、人口等多学科领域，这些相对基础的科学都有较悠久的研究历史，但是人们真正把山洪灾害作为一项科学命题加以对待和研究，也只是近几十年的事，特别是近期随着全球气候变化异常和人类社会活动的不断增强，极端天气事件频发，各国每年因为山洪灾害所造成的人员伤亡和财产损失居高不下，山洪灾害防御研究才逐渐成为热点，受到全社会的广泛关注。

国外开展山洪灾害防御研究的历史较早，美国自 1969 年即开始推行洪水保险计划，并在全国层面着手洪水风险图的编制工作，其中就有涉及山洪灾害的内容；日本在 20 世纪 70 年代也开始进行全国性的山洪灾害防治研究工作，如足立胜治等 1977 年发表的关于泥石流发生危险度判定条件的研究成果，是这一时期的代表；20 世纪 90 年代美国研发了集总式山洪预警指南系统（lumped flash flood guide system，LFFG），为各国开展相应的山洪预报预警体系建设提供了借鉴。该系统此后又发展了山洪潜势指数（flash flood potential index，FFPI）、山洪预警指南（flash flood guide，FFG）系统等后继模型，在世界山洪预报预警领域产生了广泛影响。目前，山洪预警指南系统正在通过一系列区域性项目在一些国家和地区推广应用，已经实施的项目分布在中美、南非、黑海和中东等地区，一个原型系统已经自 2011 年在巴基斯坦开始运行，并在南亚地区成功开展了"社区加盟洪水预警与管理"的示范区项目。

我国开展山洪防御研究起步较晚，但已在灾情评估、预报预警、社区防御等多个领域取得了初步成效。早在 20 世纪 50 年代，中国水利水电科学研究院的陈家琦等就开发出了适用于流域面积小于 $50\ km^2$ 的设计洪水计算半理论半经验推理公式；1970～1976 年，铁道部第一设计院（现中铁第一勘察设计院集团有限公司）、中国科学院地理研究所（现中国科学院地理科学与资源研究所）和铁道部科学研究院西南分院（现中铁西南科学研究院有限公司）共同开展了小流域暴雨洪峰流量计算方法的研究与验证工作，得到了著名的"铁一院公式"。这些成果均为后继的山洪灾害调查评价项目的顺利实施提供了技术支撑。1985 年中国科学院·水利部成都山地灾害与环境研究所对三峡库区滑坡进行了敏感度分区的研究，完善了长江上游滑坡泥石流危险度区划的研究，1991 年又编著了 1:600 万全国滑坡泥石流危险度区划图，填补了我国在相关领域的研究空白。2006 年 10 月，《全国山洪灾害防治规划》正式获得国务院的批复，明确以最大限度地减少人员伤亡为首要目标，防治措施立足于以防为主，防治结合，以非工程措施为主，非工程措施与工程措施相结合。以此为契机，我国相继开展了全国山洪灾害防治县级非工程措施建设工作、全国山洪灾害调查评价项目和重点山洪沟治理等多轮防治工作。通过数年的努力，我国山洪灾害监测预警系统和群测群防体系已经初步建立并发挥效益。

从时期变化来看，早期关于山洪灾害的研究主要集中于对局部地区山洪灾害的调查统计，其关注的重点是人员伤亡及财产损失。之后，随着计算机技术、微波雷达技术、网络通信技术和 3S 技术的发展和推广，人们监测山洪过程和研究致灾机理的手段不断更新，对山洪灾害成因的认知不断深入，特别是 20 世纪 80 年代后，人们对山洪灾害的认知水平有了很大提高，下文从山洪灾害防治理念、山洪预报预警和山洪灾害风险评估三个方面展开论述。

1. 山洪灾害防治理念

山洪灾害防治理念是开展相关工作的指导思想，与防治目标及措施选择紧密联系。由于山洪灾害的高致死率，绝大多数国家将保障民众的生命安全作为山洪防治的第一要务，然而对于实现这一目标的途径，各国在施用措施的侧重方面存在一定差异。当前世界各国采取的山洪灾害防治方案总体是多样化的，如美国、英国、法国主要采取工程与非工程措施相结合的方式，其中美国采取雨洪利用、生态治理河渠等工程措施，并在非工程措施中利用卫星、雷达和全球定位系统（global positioning system，GPS）等技术提高监测预警的准确率；英国和法国的防治措施以非工程措施为主，如建立完善的洪水预警系统、成立洪水补偿和救灾基金等；日本、荷兰、瑞士等则对高标准的防洪工程有更多依赖，如日本防洪标准超 100 年一遇的河流占比超过 58.7%。

目前，国内外主流的山洪防治措施可粗分为非工程措施、工程措施、保险措施和土地利用管理措施四类。国内对非工程措施的概念强调较多，其最初包括监测预警、基层自组织防御（如群测群防、韧性社区等）、搬迁避让，以及相关法律法规建设等方面（Orencio and Fujii，2013；邱瑞田 等，2012），在我国当前实践中主要指监测预警和群测群防体系建设，侧重于"防"；工程措施包括堤防、水库塘坝、水土保持和相关拦排工程的修建/修缮及河道疏浚等（Kostadinov et al.，2017；何秉顺 等，2012a），侧重于"治"；保险措施即通过灾害保险产品的价格机制实现对潜在承灾体质与量的市场调控（孙南申和彭岳，2010）；土地利用管理措施则主要通过行政、立法等手段对沿河/沟滩涂地及冲洪积扇地区的开发和保护活动进行必要的优化、约束和规范（Barraqué，2017）。

多数国家将非工程措施，特别是其中的预报预警作为预防山洪的首要或重要手段，在监测通信、过程预报、预警指标等方面投入了大量的研究和应用工作，如我国的全国山洪灾害防治项目、美国的 FFG 项目、欧洲的 HYDRATE 项目等；此外，灾害保险在欧美等发达国家对山洪防御也发挥了较大的影响；而工程措施则因为投资较高，很难将广泛发育的山洪沟/河完全覆盖，多针对特定时期或涉及较大规模人口聚落时施用，如巴西的里约热内卢在 2014 年世界杯前夕，为提高马拉卡纳球场及下游的防御山洪的能力，在涉及的 3 条河流沿线修建了 5 座滞洪水库及引渠（Ortigao et al.，2013）；土地利用管理措施因涉及城镇化、法律法规制定、多级行政管理协调及土地补偿金支付等内容，目前各国均在摸索阶段。

从各类措施的应用效果来看，工程措施虽然能够提高洪水防御标准，但一方面需要耗费大量资金，另一方面当水库、堤防等防护工程投入使用以后，人们往往认为相关地区的防洪安全得到了足够保证，反而可能激发更大规模的人口聚集和经济扩张（Barraqué，2017）；保险措施也存在类似的问题，且即便承保灾种符合大数法则和引入了再保险制度以解决可能的资金缺口，但当面临巨额损失时仍有难以为继的风险（孙南申和彭岳，2010）；非工程措施（监测预警和群测群防）可在较低的投资背景下实现较高的山洪预防效益，但其本质上只是临时性的规避措施，并未从根本上降低风险，且山洪预报预警难度远高于一般洪水，误报率和漏报率较高，因此仍有局限；土地利用管理措施的核心理念是"不与水争地，建立和谐人地关系"，与单纯被动避灾的"搬迁避让"相比，土地利用管理措施在被动防御工作中更强调提前规划，且当相关地区可以通过适当措施控制险情时，也可允许区内一定类型和强度的开发利用，从根本上控制承灾体的暴露量或减少自然威胁，甚至消除风险点，是未来山洪防治理念革新的一个方向。

2. 山洪预报预警

尽管山洪暴涨陡落，预报预警难度远高于一般洪水，世界各国仍通过不懈努力，在早期降雨估计、短临洪水预报、社区应急响应等方面进行了许多有益的尝试，部分工作已形成体系并进入实用和推广的阶段。

该方面最具代表性的工作是美国的 FFG 系统。FFG 系统是对美国 NWS 下属的多个区域河流预报机构于不同时期开发的山洪预警系统系列的总称，依时间先后可分为 1992 年之前的原初（original FFG，OFFG）系统和之后相继开发的集总式（LFFG）系统、山洪潜势指数（FFPI）、网格式（gridded FFG，GFFG）系统和分布式（distributed FFG，DFFG）系统，其中除 FFPI 属于补充性质的山洪危险性要素分析的范畴以外，其余四类均以降雨-产流水文模型为基础，即狭义上的 FFG。

狭义 FFG 十分重视前期降雨或土壤湿润程度对产流的影响，在早期的 LFFG 中即可根据实时监测雨量对萨克拉门托土壤湿度模型（Sacramento soil moisture accounting model，SAC-SMA）中的相关参数进行 6 h/次的动态更新（Timothy et al.，1999）；在 GFFG 中引入土地利用和土壤类型地理空间数据计算曲线数（the natural resources conservation service-curve number，NRCS-CN），经计算后可进一步反映不同地块的产流潜势（Schmidt et al.，2007）；在 DFFG 中则直接使用连续前期降雨指数（antecedent precipitation index，API）模型代替土壤湿度计算部分（Clark et al.，2014）。

门槛（临界）流量也是该系统的一个重要考虑方面。狭义 FFG 的核心思想是根据流域出口断面的门槛流量反推时段内的降雨量，此雨量即为临界雨量，当监测或预报的雨量超过该临界雨量，则系统认定山洪发生概率较大并发布相关预警（Clark et al.，2014）。FFG 的门槛流量一般使用出口断面的平滩流量，当没有断面测量数据时，可使用 1～2 年一遇的洪峰流量代替（Carpenter，1999）。

山洪监测预估（flash flood monitoring and prediction，FFMP）系统是 FFG 重要的降雨监测预报支持系统。该系统主要依托 WSR-88Ds 多普勒天气雷达，同时结合 NWS 的卫星和地面雨量站等监测网络，采用数值模拟等手段，可针对山洪提供 0～1 h、0～3 h 等多时段，空间分辨率最高约 5.2 km^2 的降雨定量预报产品（Smith et al.，2000），而最新的多雷达多传感器（Multi-Radar Multi-Sensor，MRMS）系统甚至可以将监测的时空分辨率提高到 1 km^2/2 min（Gourley et al.，2017）。

作为开发历史较长、推广范围较大的山洪预报预警体系，分布式水文模型、动态化的土壤湿度/前期雨量计算模块、强大的降雨监测预报支持系统都是 FFG 的优势，但该系统也存在一些不足：一是它主要针对雨致山洪，且只有 0/1（即发生/不发生）预警，融雪、溃坝造成的山洪没有直接的应对方案；二是降雨预报产品和门槛流量对应的范围，在空间尺度上始终很难匹配，如 LFFG 门槛流量对应的流域面积一般在 300～5 000 km^2，而降雨预报产品的空间分辨率要小得多，即便是 DFFG 的门槛流量也是一个集总值，无法在空间上有更多细化；三是门槛流量若采用平滩流量，会因为局地下垫面的不同而表现出很大的不确定性，而使用 1～2 年一遇洪水作为门槛流量，在很多时候并不符合实际；四是地质地貌、土地利用、植被等下垫面要素对产流的作用也很突出，不对这些要素做充分考虑，会对门槛流量计算成果的可靠性产生影响。所以，尽管有报道称 FFG 的准确率可达 65%（孙东亚和张红萍，2012），但实际发生了山洪以后，洪水的规模有多大？是否可能成灾？具体在什么位置成灾？这些问题都不明确。

我国山洪灾害监测预警体系以 2010～2015 年大力建设的调查评价和非工程措施项目为软硬件依托，在基本思路上汲取了国外先进经验，如在产流计算中采用设置多档扣损值等方式考虑前期土壤湿度；使用成灾水位–流量–暴雨频率反推法估算临界雨量等。与 FFG 体系相比，我国山洪灾害监测预警体系的优势主要体现在三个方面：一是"专群结合"，不仅有"专业机构监测与预报–指标临界识别–平台发布预警–群众规避"这样"自上而下"的传统预警模式，也有在沿河居民家中或河岸布设简易雨量或水位报警器，发动居民自发预警和组织规避的"自组织"式群测群防模式；二是对门槛流量起算水位的界定更为科学。不同于狭义 FFG 的平滩流量或低频洪水水位，我国门槛流量的起算水位与日本相似，均采用保护对象所处高程作为基准水位（全国山洪灾害防治项目组，2014），并且该水位下的河道断面是通过现场载波相位差分技术测量得到的，较之于日本普遍采用的激光雷达测距精度更高，更有利于门槛流量的准确估算；三是不仅重视雨情预警，也兼顾河道水位预警，理论上预防山洪的类型更为全面。

然而，在一些关键技术领域，我国山洪灾害监测预警体系与先进国家之间还有一定差距。一是山区局地降雨监测预报支持系统落后。目前我国进行山区局地降雨监测的主役仍是各类点式雨量站,据统计我国目前已建相关雨量站点约 36 万个,其中约 88%是依托非工程措施项目建成和布设在沿河居民家中的简易雨量计,总体上建设密度低、位置布局不尽合理、监测范围小,对地形雨、山地夜雨等山区局地对流性暴雨天气监测能力有限。在此基础上,相关雨情的估算、预报多采用面上插值和统计方法,经验性强。而欧美及日本等国则普遍使用侦测范围较广的天气雷达作为雨情监测的主角,特别是日本基本普及了时空分辨率较高的 X 波段天气雷达,结合卫星遥感、点雨量实时数据的融合、同化和数值模拟,极大地提高了降雨定量估计和预报的精度和效率。其次,一般集总式水文模型在我国系统中的应用比例较高,不利于洪峰流量和预警水位/雨量的准确估算。尽管近年来国内诸如 HEC-RAS 等分布式水文模型的应用案例也有报道,但在全国山洪灾害分析评价项目中,推理公式、铁一院公式、单位线、地区经验公式、曼宁公式等一般水文计算公式仍然是目前应用最为广泛的设计洪水和水位–流量关系计算方法,虽然这些方法在资料需求和计算耗时等方面有一定优势,但是对下垫面要素、洪水演进和区域差异的简化考量,使得计算结果很难满足山洪预报预警对动态化、差异化和可靠性方面的要求。

3. 山洪灾害风险评估

自然灾害风险一般是指潜在发灾过程造成的损失期望(刘希林和莫多闻,2002),对自然灾害风险进行科学评估是一般防治工作的基础,也是灾害综合风险管理的一个重要环节。目前世界上较有影响的灾害风险评估理论及相关的概念模型主要有两类,一类是基于联合国人道主义事务部(现为联合国人道主义事务协调厅)1992 年提出的自然灾害风险概念及其计算模型 [式 (1-1),以下简称一般模型],认为自然灾害风险在数学上是自然过程危险性与承灾体易损性的乘积表达;另一类是基于我国史培军教授提出的自然灾害系统理论,其理论的核心是将整个灾害系统分为致灾因子、孕灾环境和承灾体脆弱性或易损性三个方面加以考量 [式 (1-2),以下简称三元模型],认为灾害发生是三个方面共同作用的结果。联合国人道主义事务部提出的自然灾害风险概念和计算模型在国际上影响深远,而自然灾害系统理论则在国内得到了系统的发展和广泛应用。

$$R = H \times V \tag{1-1}$$

$$R = I \times E \times V \tag{1-2}$$

式中:R 为自然灾害风险度;H 为自然过程危险性;I 为致灾因子危险性;E 为孕灾环境敏感性;V 为承灾体脆弱性或易损性。

具体到山洪灾害风险评估,从方法论的差异来看,又可分为基于成因要素的要素分析法和基于过程机理的过程分析法两类(表 1-1)。要素分析法根据山洪灾害与主要自然、社会因子的经验关系来确定评估对象的风险属性,一般使用 GIS 背景下的图层代数叠加方法,综合山洪形成与承灾体属性要素图层得到评估对象的风险度分布特征;而过程分析法主要使用水文计算或动力学方法计算设计暴雨、设计洪水及相应的水面线情况,输出结果可以具体到不同时频洪水的淹深、面积、波高等致灾特征。荷兰的 Mulder 等(1991)认为,小尺度、高精度的山洪(滑坡)泥石流风险评估宜采用水、土力学方法,而区域性风险评估则使用统计学方法更为便利,也从侧面反映了要素分析法和过程分析法各自的特点和优势。

　　对于要素分析法,指标体系及相关权重设计是该方法的核心内容,研究者通常基于学界对山洪灾害成因的定性、定量认知,从致灾因子、孕灾环境、承灾体属性、综合抗灾能力等方面,选取暴雨、地形、岩性、断裂、植被、土地利用、承灾体暴露量、历史灾害等方面的数据构建指标体系,如果有可靠、翔实的历史灾害信息支持,可使用回归、信息量法、敏感性分析、灰色关联等方法估算各指标对历史灾害的贡献,辅助指标权重设计;反之,则多应用层次分析法、熵值法、打分法等主客观或综合方法赋权,最后在 GIS 中的叠加分析中完成出图。此外,还可使用人工神经网络、模糊推理、决策树或随机森林等机器学习方法,在设置好输入/输出参数、基本规则或分类逻辑的基础上,直接由输入的指标数据获得输出结果。

　　要素分析法本质上是一种经验统计方法,其理论框架成熟、应用对象灵活、可操作性很强,在国内外山洪灾害风险格局分析中均有较普遍的应用。该方法主要的不足有:①输出结果不够具体,风险值本身没有明确的物理意义(理论上是损失期望,实践中多为程度的表达),导致对保险产品设计、山洪沟治理等工作的指导有限;②很难量化防御措施实施对降低风险的作用,不利于后期风险管理;③结果验证主要依赖历史灾害资料,若山洪发育环境发生较大改变则需一定时间应变。

　　过程分析法主要是使用水文计算或动力学方法对山洪灾害的过程进行解构,侧重于过程模拟,虽然其内核与一般的山洪预报预警模型并无本质的区别,但由于对时效性的宽容度较高,理论上可以在物理机制上做更为细致的描述。

　　从雨致山洪灾害的主要过程环节,即暴雨、坡面产汇流、洪水传播和洪水与承灾体的相互作用四个方面来看,目前基于过程分析法的风险评估模型还有较大的进步空间。具体就暴雨模拟而言,尺度是其中的关键问题。我国学界普遍认为暴雨是由不同尺度天气系统相互作用产生的中尺度现象(陶诗言 等,1980),因此相关研究也多在大中尺度。然而引发山洪灾害的暴雨大多与山区局地对流系统关系密切,时空尺度很小,一般的大中尺度数值模拟模式很难下探到需求尺度。另外,山区立体气候发育,局部雨量站信息也很难向面上推广。因此,目前国际上山区局地暴雨模拟最为可靠的方法,是应用多普勒雷达结合地面雨量站、卫星遥感数据对暴雨过程进行监测,然后基于实时数据动态修正各类数值模拟或统计模型的预测结果。

　　在坡面产汇流研究中,国内外学界基于水文学原理和 GIS 技术,已经对小流域产汇流机制及模拟开展了大量的工作,不论何种产流模式,都有方案可供应对。然而具体到山洪过程,特别在我国北方的干旱和半干旱地区,这些工作仍不能充分满足需求,主要问题在于参数确定:山洪易发区多为缺资料地区,产汇流模型中一些重要的下垫面参数需要依据经验估计或试验率定,然而作为小时空尺度水文过程,山洪洪峰往往对这些参数极为敏感,经验估计可能带来极大的不确定性;而通过原位观测、试验等方法率定参数,考虑到我国幅员辽阔和复杂的自然地理环境,工作量很大。因此,在国内实践中,多采用净雨计算配合单位线等简易方法对产汇流进行匡算,可靠性很难保证。

　　小股洪流从支沟汇入主干后即进入洪水传播过程,其中的流速、波高等水力学要素直接决定了山洪向下游传播的冲击、淹没特征,与山洪致灾的关系极为密切。目前山洪传播模拟主要的方法有水文学法和水力学法。水文学法以水量平衡计算为基础,常用方法有马斯京根法、线性回归法、汇流系数法等;水力学法则以圣维南方程组为代表,依运动方程中各分项的简化程度不同又可衍生出扩散波、运动波等方法。虽然水力学法拥有更好的物理基础,且近年来学界在激波捕捉、动床模拟、水沙互作等方面取得较快进展，但其在资料获取、计算耗时等方面仍然要求较高。现实山洪往往携带大量沙石和漂浮物，洪水攀高、弯道超高现象也很普遍，现有技术还很难在低运算量条件下对这些现象做出准确而全面的描述。但也有研究指出，未来可在大数据的支持下，事先计算好所有演进情势的"平行世界线"，然后基于现实降雨和洪水情况，在这些"世界线"中直接选择接近的情势，以达到节约时间、提高预见期的目的。

山洪与承灾体相互作用，即可能成灾。房屋在洪水威胁中事关生命财产安全，一直是山洪承灾体关注的重点。欧美部分国家得益于发达的保险业和政府有计划的案例调研，对场次洪水覆盖的房屋类型、淹没范围，甚至流速资料均有较完备的记录，可针对不同时频的洪水绘制出承灾体损失曲线，得到风险实值。但也有学者指出，这类资料估算的损失，会依房屋位置、社区规模和洪水大小表现出较强的不确定性（Merz et al.，2004）。除了案例调研，水槽试验和数值模拟也是常用的研究手段，这些工作以建筑物所承受的洪水或漂流物的冲击过程为研究中心，为村镇居民点的布局和防洪设计提供了一定的科学依据，但在深度和广度上仍有进一步拓展的空间，且尚未给出适用于不同承灾体类型、分布、排列等情景下的损失估算方法。

纵观山洪灾害的各个环节，都有需要突破的难点，目前国内外尚没有一个完整的基于物理机制描述的山洪灾害全过程数学模型，已有的、具有一定物理基础的过程分析法案例多来自分布式水文或动力学模型。这些工作均以洪水淹深及相应临界雨量计算为重点，在过程分析上的概化较为严重，但仍具有一定的参考价值，特别是在洪水保险、土地利用管理、公众应急避险等方面可以发挥支撑作用，因此受到各国政府的重视。例如，日本从 1995 年开始，用了 9 年时间对全国 180 条主要河流完成了洪水风险图的编制工作，至今仍在补充完善；美国、法国、瑞士、意大利、挪威、奥地利等欧美国家也逐步开展了涉及山洪灾害的洪水风险图编制工作，对目标区明确高、中、低危险度特征，并配套给予相应的禁止开发、限制开发等土地利用对策。主要山洪灾害风险评估方法论的比较见表 1-2。

表 1-2　主要山洪灾害风险评估方法论的比较

类型	要素分析法	过程分析法
基本思想	根据山洪灾害成因要素，提取暴雨、地形、植被等相关图层叠加计算风险度	根据山洪灾害过程，估算流域产生洪水的规模频率、波及范围和损失
使用方法	地统计学、GIS、叠加分析、机器学习	气象学、水文学及动力学方法
适用尺度	灵活，擅长大空间、长历时状态分析	短历时、小流域尺度
研究难点	指标体系建立、指标赋权等	山洪灾害过程模拟
分析结果	风险相对值，区域分异程度的度量	风险绝对值，不同时频洪水对应的损失期望
可靠性	结果易验证，可靠性较高	结果不易验证，不确定性大
研究阶段	较成熟	不够成熟、简化模型匡算为主
基础理论	自然灾害风险理论：风险=自然过程危险性×承灾体易损性 自然灾害系统理论：风险=致灾因子危险性×孕灾环境×承灾体脆弱性	
相互联系	互相融合：过程分析法的产出可以作为要素分析法的要素；反之，要素分析法的要素也可以作为过程分析法的输入	

第 $\mathcal{2}$ 章

长江流域山洪灾害发育现状及危害

2.1　时空分布现状

2.1.1　时　间　特　征

在暴雨、地震及人类活动的影响下,长江流域每年都会发生大小不同的溪河洪水及其诱发的崩塌、滑坡和泥石流灾害。这些灾害是山地环境退化,地表外力侵蚀作用加剧,水土流失发展恶化的产物。

1. 溪河洪水灾害

溪河洪水是山区下垫面对致洪降水的直接响应,与地区降水的强度和持续时间关系密切,又因为高强度、长历时的降水多发生在雨季,因此溪河洪水灾害在雨季出现的频率也相应较高。长江流域大部地区年降水量在 800 mm 以上,不构成山洪发育的瓶颈,且降水主要集中在 5~9 月的雨季,其中长江以南地区由南往北、由东往西雨季为 3~6 月及 5~9 月,降雨量占全年的 50%~60%;长江以北地区雨季多在 6~9 月,降雨量占全年的 70%~80%,这些时期流域内人口较为密集的云南、贵州、四川、重庆、湖南、湖北、江西、安徽等山区,均是我国溪河洪水灾害的重灾区。此外,青海、西藏等江源地区由于海拔较高、人口稀少,溪河洪水灾害较少发生,但此类地区春夏季的冰雪消融期易与雨期重叠,异源产流叠加,也易诱发溪河洪水灾害。

2. 溪洪–崩滑灾害

溪洪–崩滑灾害除了受到降水和人口财产分布的影响,还与不稳定坡体的发育有关,但相对于降雨,不稳定坡体发育的时间尺度较长,年内、年际变化较小,除了较为明显的人为、自然重大事件的干预,如大型水库等水利工程的修建、地震等,溪洪–崩滑灾害的发育在时间序列上仍主要受降水的影响。长江流域溪洪–崩滑灾害的始发期与降水时间分布具有同期性或略有滞后,主要集中在 5~8 月,结束期一般在每年的 9 月、10 月。此外,据不完全统计,当有大型水库修建或强震出现时,水库的回水区及地震影响区在未来 5~10 年内,也会是溪洪–崩滑过程的高发期。

3. 溪洪–(崩滑)–泥石流灾害

不论是浅层滑坡起动型泥石流还是沟床起动型泥石流,降雨均是泥石流发生的激发条件,因此溪洪–(崩滑)–泥石流灾害也受到降雨年内、年际变化的显著影响。一般而言,降雨量多的年份,也是泥石流灾害多发年。降雨量的季节性变化决定着泥石流发生次数的季节变化。据统计,长江流域约 80% 的泥石流灾害发生在 6 月、7 月、8 月三个月内,以 7 月暴发频率最高,12 月至次年 3 月基本无泥石流发生,最早出现泥石流灾害的时间在 4 月下旬,最晚时间在 11 月下旬。西南地区的泥石流多发生于 6~9 月。

2.1.2　空间特征

1. 地质地貌分区概述

长江流域大致西以陇南山地—龙门山—乌蒙山,东以伏牛山—武陵山为界,可以划分为西部、中部和东部三个区,分别为西部青藏川滇区、中部秦川鄂黔区和东部湘赣鄂苏皖区。

西部青藏川滇区,新近纪以来,地壳呈强烈断块隆起,形成海拔 3 000～4 000 m 高原高山;松潘—康定—丽江一线以东,河流深切 1 000～3 000 m,地形破碎。区内处于扬子准地台与甘孜、秦岭褶皱带交界地带,深断裂发育,差异性活动明显,地壳稳定性差,地震活动强烈、频度高。有记载以来,流域内 6 级以上的强震,有 90%以上发生在该地区。高原地带冻融灾害分布较广。中高山峡谷地带崩塌、滑坡、泥石流灾害十分发育,且规模大,水土流失剧烈。

中部秦川鄂黔区,除川西平原外,均呈间歇性大面积隆起,形成海拔 500～1 000 m 的中、低山和丘陵,除北缘属于秦岭褶皱系外,大部地处扬子准地台,地壳稳定性较好。地震活动弱,属弱震区。水土流失较普遍;崩塌、滑坡、泥石流灾害较发育,但规模不及西部;岩溶塌陷在鄂黔一带也较常见。

东部湘赣鄂苏皖区,又以沉降为主的长江中下游平原和微弱隆起、海拔 200～500 m 的江南丘陵和淮阳山地组成。区域地壳稳定性南北差异明显,北部受郯庐、麻城等深断裂的影响,曾发生过数次 6 级以上的强震;江南丘陵活动断裂少,无强震活动。区内发生地质灾害,平原区有河湖泥沙淤积,地面沉降;丘陵山地有水土流失和小型滑坡、崩塌。

2. 溪河洪水灾害

从全国来看,根据《全国山洪灾害防治规划》相关调查数据,全国有溪河洪水灾害发生记录的溪洪沟(山洪沟)有 18 901 条,50 余年间共计发生溪河洪水灾害 81 360 次,平均每个小流域发生溪河洪水灾害近 5 次。溪河洪水灾害空间分布特点大体上表现为南方多、北方少;东部多、西部少。具体来说,溪河洪水灾害主要分布于我国地势上的二级阶梯及三级阶梯的后缘地带。大致上以二级与三级阶梯分界线(大兴安岭—太行山—巫山—雪峰山)分为东、西两部分。该线以东为我国的三级阶梯,灾害分布在地形地貌上主要为中低山地、丘陵和平原,溪河洪水灾害在长江中下游的丘陵山区密集分布,如华南丘陵区、东南沿海闽浙丘陵区一带,以及东北大小兴安岭和辽东南山地区;该线以西是我国的二级阶梯,地形以中高山地、盆地和高原为主,溪河洪水灾害分布上主要以秦巴山区、陇东、陇南部分山地地区、西南横断山区,川西山地丘陵一带及新疆和西藏的部分地区较为密集,常呈带状或片状分布。

从长江流域来看,流域内发育有溪洪沟(山洪沟) 7 000 余条,占全国比例约 38%,发生溪河洪水灾害次数超过 35 000 次,占全国溪河洪水灾害次数的比例约为 43%。溪河洪水灾害在长江流域各省(自治区、直辖市)内均有分布,是一种危害面广、分布散、发生频繁的自然灾害。由图 2-1 可见,长江流域溪河洪水灾害点的分布范围相对均匀,除了长江源头及非山洪灾害防治区的长江中东部平原等区域,长江流域各省(自治区、直辖市)的溪河洪水灾害均很普遍,成带状和片状分布,流域内不论西部、中部还是东部都有大量溪河洪水灾害点的分布,且在中东部地势起伏较小的局部地区,密度还有增加的趋势。在地貌类型上,主要分布在中小起伏山地及丘陵地区。

图 2-1　长江流域溪河洪水灾害分布图

　　长江流域溪河洪水灾害除了灾害分布范围广外，还存在面上灾害频繁的特点。由于暴雨活动的随机性，对于一个很小的局部地区而言，高强度大暴雨出现的概率可能很小，然而就一个较大范围而言，暴雨出现的机会多，相应地，面上出现溪河洪水灾害的机会也多于特定地点出现大洪水灾害的机会，也就是说广大范围内溪河洪水灾害发生的机会远大于大江大河发生洪水灾害的机会。

　　以湖南省的长江流域部分为例进行分析，湖南省东南西三面环山，山地丘陵面积占总面积的 67%，平原与盆地面积仅占 27%，且属亚热带季风区，雨量充沛，易在该地区形成持续强地形降雨，连降特大暴雨在呈倾盆之势的地形地势条件下极易形成溪河洪水灾害，因此，湖南省的山洪灾害高、中易发灾害点以中小起伏山地及丘陵地区最多，（极）大起伏山地也有分布。

3. 溪洪-（崩塌）滑坡灾害

　　根据《全国山洪灾害防治规划》调查数据，全国由溪洪诱发的（崩塌）滑坡个数为 16 556 个，共发生（崩塌）滑坡灾害 32 753 次，平均每个（崩塌）滑坡点发生近 2 次灾害性事件。全国因溪河洪水引发的（崩塌）滑坡灾害的分布特点主要表现为：西部多，东部少；南方多，北方少。其中西南地区是我国溪洪-（崩塌）滑坡灾害分布最为密集、发生最为频繁的地区。

　　长江流域溪洪-（崩塌）滑坡灾害也很发育，流域内发育有灾害点 8 200 个左右，占全国相应灾害的将近一半，其中长江流域中部是我国溪洪-（崩塌）滑坡最为发育的地区，一年四季均有滑坡发生。（崩塌）滑坡常常与其他自然灾害如地震、洪水、泥石流等相伴发生，增加了滑坡的危害性。就分布范围（图 2-2）来看，长江流域的溪洪-（崩塌）滑坡主要集中在甘肃陇南山地，陕西，湖北和重庆的秦巴山地区，湖南、湖北和贵州的武陵山区，云南的横断山区，以及云南和贵州的云贵高原地区，在东部的江西和福建山区也有分布。这些地区的灾害点多呈片状或带状分布，且较为集中，尤以四川盆地以东最为密集。

　　在地貌类型上主要分布在（极）大起伏山地和中小起伏山地的交界处，尤以渝鄂湘山地区最为频发。渝鄂交界及渝鄂湘交界处山地面积广，分布着大巴山、巫山、七曜山及武陵山等一系列中小型山脉。这一地带也是我国地形从二级阶梯向三级阶梯的过渡地带，地势落差大，高山峡谷，河流湍急，最为典型的就是三峡地区；新老断裂带分布比较密集，构造活动频繁。灾害高发区也多位于暴雨中心区，在季风环流和地形的共同作用下形成了长江流域著名的大

图 2-2　长江流域溪洪–（崩塌）滑坡灾害分布图

巴山暴雨区及湘西北鄂西南暴雨区，并都集中在梅雨和盛夏时期，这都与溪洪–（崩塌）滑坡灾害的多发季节相一致。该地区人工活动频繁，扰乱山体平衡，容易发生（崩塌）滑坡过程。

4. 溪洪–（崩滑）–泥石流灾害

据统计全国与溪河洪水相关的泥石流沟有 11 109 条，共发生过溪洪–（崩滑）–泥石流灾害 13 409 次，平均每条泥石流沟发生灾害 1.2 次，灾害点主要分布在西南、西北、华北和东北南部山区。沿青藏高原的周边山区，以及沿横断山脉—秦岭—燕山一线呈密集的带状分布，具体表现为山区面积广，地势起伏大，地质活动频繁造成山体稳定性差。复杂的地形地貌和频繁的地质活动在空间上的复合及在时间上的叠加使得此类地区泥石流沟发育密集，灾害频发。其次，在华中、华南中低山区和华东、东北低山丘陵区及台湾和海南岛的山区，也有泥石流分布。

长江流域是我国山洪诱发泥石流极度发育区域。长江流域发生过溪洪–（崩滑）–泥石流灾害的泥石流沟超过 5 000 条，将近占全国泥石流沟的一半，发生灾害事件 6 000 余次，占全国的 45%左右，具有重要影响。流域西部的川西高原和横断山区地势起伏大、地质活动强烈、河网密集、河谷深切，是流域内泥石流分布最为密集区域；该区域以东的长江中东部地区泥石流发育较少，多呈零星分布。

长江流域溪洪–（崩滑）–泥石流发育最为密集的西部地区（图 2-3），在地貌类型上以（极）大起伏山地为主，这一地带自西向东跨越我国岭谷相对高度变化最大的两个地貌过渡带：一级阶梯（青藏高原）与二级阶梯（云贵高原、黄土高原、四川盆地）的过渡带，即横断山区、四川盆周山地西部和陇南山地，发育暴雨型和冰川型两类泥石流，滇东北、川西和陇南泥石流极为活跃；次一级发育比较密集的区域为二级阶梯与三级阶梯（巫山以东）的过渡带，即大娄山、巫山、大巴山等，山洪型泥石流的活动也较为频繁。之所以形成如此格局，一是地貌过渡带上岭谷相对高低悬殊，为泥石流发育提供了能量和能量转化条件，如第一过渡带在绝对和相对高差上均大于第二过渡带，泥石流形成条件较后者更为优越，因此前者泥石流活动不论规模还是频率均大于后者；二是过渡带多深大断裂等不稳定地质因素，特别是一级阶梯与二级阶梯之间的过渡带地质活动活跃，地震相对频繁，为各型泥石流发育提供了丰富的物源。

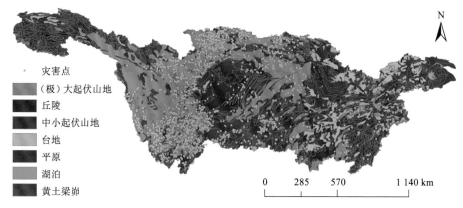

图 2-3　长江流域溪洪–（崩滑）–泥石流灾害分布图

　　有学者指出,长江流域的泥石流沟具有沿深切割地形陡坎迎风坡密集分布,沿强地震活动带和暴雨重迭区成群分布,沿地质构造深大断裂（破碎）带和暴雨重迭区集中分布,以及沿生态环境破坏区集中分布的特征,如川滇横断山系自北向南为地形陡坎,同时又是东南、西南季风的天然屏障,冷热交汇频繁、立体气候发育,泥石流分布密集;龙门山地震带更是新时期泥石流高密集区;而深大断裂构造带,不仅为泥石流形成提供了不可或缺的松散物质,从侵蚀上也为泥石流沟的发育提供了有利环境,促使这些地段成为分布密集的泥石流活动带,如云南小江断裂、四川安宁河断裂、甘肃白龙江断裂等也是我国著名的泥石流活动带。此外,不合理的人类活动也是长江上游泥石流多发的重要原因,如修渠、筑路、采矿、基建、开荒、伐木等活动如果处理不当,容易造成废土乱弃、斜坡失稳、沟谷阻塞等恶劣情况,严重的甚至会促使老泥石流复活或引发新的泥石流活动。

2.2　区域山洪灾害发育特点

1. 分布广、数量大、类型多

　　长江流域地域广阔,人口众多,中上游地区人口和基础设施重要而分散,加之流域地质地貌状况复杂多样,降雨时空分布不均,不仅易于发生溪河洪水灾害,还能大量诱发崩塌、滑坡和泥石流等次生灾害。依据前述资料,长江流域以占全国约 20%的国土面积和 30%的人口数量,承载了全国 40%以上的山洪灾害,特别是滑坡、泥石流等次生灾害约占全国次生灾害的一半。

2. 突发性强,预防难度大

　　长江流域的山丘区一般地势起伏较大,立体气候显著,局部对流性天气系统发育频度高,暴雨突发性强、雨量大,加之很多适宜人口聚集小流域的水系结构偏“胖”,遇到突发暴雨产汇流过程迅速。很多时候从降雨到退水短则数小时,长的也很少有达到或超过 24 h,形成尺度更小的滑坡、泥石流等次生过程发育历时更短、先兆更难察觉,因此总体上长江流域的山洪灾害较之其他地区突发性更强,预报预警难度也更大。

3. 成灾快，破坏性强

长江流域中上游地区因山高坡陡、溪沟密集，洪水汇流快，加之人口和财产大多分布在有限的相对平缓的谷地或坡地上，往往在洪水过境很短的时间尺度内即可造成极大的灾害损失，如 2005 年 5 月 31 日 8 时～6 月 1 日 8 时，湖南全省降雨 50～100 mm 的观测站达 54 座，笼罩面积 5.2 万 km²，最大降雨点怀化市溆浦县檀家湾站 24 h 降雨 210 mm，仅仅一天的时间山洪即造成 17 人死亡、35 人失踪的重大人员损失，受灾群众达 54 600 余人，倒塌房屋 3 560 栋，此外还造成一些乡镇交通、电力、通信中断。

泥石流具有强大的冲击、淤埋能力。一场大中型黏性泥石流暴发时，其运行路径上的一切设施、道路和农田都被一扫而光，形成一片石海景象并带来严重的灾祸。1981 年 7 月 9 日成昆铁路利子依达沟暴发泥石流，流速高达 13.2 m/s，容重达 2.32 t/m³，且其中包含了大量的巨砾，直径 8 m 以上者达数十块之多，此次泥石流冲毁了利子依达沟大桥右岸桥台，剪断 2 号桥墩，毁梁两孔，使 442 次列车颠覆，300 余人遇难。

滑坡体的下滑尽管需要一定时间，一昼夜只有几厘米，甚至几个月才移动几厘米，但在诸如连续降雨或暴雨等外界条件的诱发下，滑坡的运动速度可以突然增大，快速滑动，造成巨大的损失。1981 年 7 月四川西北部、陕南、甘南等地区发生特大型暴雨，引发数千处滑坡，造成的经济损失达 3 亿元以上。

4. 季节性强，频率高

长江流域大部地区不论是溪河洪水，还是滑坡、泥石流等次生灾害均与暴雨的关系极为密切，发灾时机与暴雨的发生在时间上具有高度的一致性。长江流域的暴雨和特大暴雨主要集中在 5～9 月，因而山洪灾害也主要集中在 5～9 月的汛期，尤其是 6～8 月主汛期更是山洪灾害的多发期。据统计，湖南省汛期发生的山洪灾害占全年山洪灾害的 95%以上，其中 6～8 月发生的山洪灾害达到 80%以上。此外，由于长江流域特殊的降雨、地质地貌条件和人类活动现状为各型山洪灾害发育提供了极佳的内外部环境，流域内特别是中上游的山丘区的山洪灾害发生频率很高，仅湖北省 1950～2003 年共发生溪河洪水灾害 2 250 次，平均每年发生 41.7 次，发生最多的一年（1996 年）甚至高达 195 次，即平均每 2 天发生一次山洪灾害。

5. 区域特征明显

山洪灾害是自然环境与人类活动共同作用的结果，受自然环境和人类社会经济与技术发展的双重影响。而长江流域幅员辽阔，在自然地理、人口、资源禀赋、经济规模等方面具有明显的区域差异，因而长江流域的山洪灾害发育状况也同样具有显著的空间差异。例如，西南山地、秦巴山地等高山峡谷区与江南丘陵、川中丘陵和东南沿海等平缓低丘区的山洪发育格局截然不同，且即便同样是高山峡谷区，青藏地区与龙门山断裂带的山洪发灾情况也有极大的差异。可以说，高度的空间异质性是长江流域山洪灾害区别于我国其他地区的一个显著特点。

第 *3* 章

长江流域山洪灾害发育背景及防治现状

3.1　自然环境影响因素

3.1.1　降雨因素

降雨是影响山洪灾害发生、发展的外在激发动力，是诱发山洪灾害的直接因素和激发条件。长江流域内大型降雨天气过程、降雨量和暴雨强度空间分布等主要特征直接影响流域内山洪灾害的发生及分布变化。

1. 大型降雨天气过程

天气过程直接影响降雨的范围和持续时间，除局部雷阵雨外，以下我国能形成大范围降水的天气过程都对长江流域有着重要影响。

（1）春季南方连阴雨。华南和长江中下游地区的连阴雨，降水时间长，雨区广，往往是受南支急流上的多个小槽接连东移所形成，环流形势稳定。一种形势为乌拉尔山有阻塞高压存在，东侧巴尔喀什湖为切断低压或横槽，西太平洋副高脊线稳定于 15°N～20°N，西伸南海。另一种形势为北方大低涡型，亚洲中高纬度 500 hPa 为大型低压。

（2）初夏梅雨。出现于 20°N～34°N 的江淮流域，降水连续，且多暴雨。5～7 月常有出现，以 6 月下半月到 7 月初比较集中。典型梅雨的环流特征有双阻型、三阻型、单阻型三类。双阻型在 50°N～70°N，乌拉尔山和勒那河为阻塞高压，两高之间为低槽，西太平洋副高脊线位于 23°N～24°N。三阻型在 50°N～70°N，欧洲中部、贝加尔湖和雅库茨克有 3 个稳定的高压或高压脊，副高脊在 23°N 左右。单阻型，北方仅有贝加尔湖西北有一个稳定高压，中国东北为低槽，槽底可达江淮，西太平洋副高脊线大多在 25°N 左右。

（3）夏秋热带气旋雨。热带太平洋和南海温度高，蒸发量大，洋面上大气层不稳定，东风气流中的波动可发展成涡旋。太平洋热带气旋影响华南到东北的沿海及邻近的内陆省份，盛行于 7～10 月，降雨强度较大。孟加拉湾热带气旋在春秋季也能影响青藏高原东部和云贵高原。

（4）秋季连阴雨。主要出现于长江下游和西部地区（陕、甘、川、黔、湘、鄂）。长江下游在 8 月下旬至 10 月上旬之间有一段或几段连阴雨，平均历时在 12 d。盛行热低压控制大陆的形势在秋季逐渐转化为由变性冷高压控制，冷空气影响长江下游出现静止锋天气。华西秋雨是西部地区的重要降水过程，一般出现于 9～10 月，每年有二三次连雨过程，每次平均 15 d 左右，但雨量较小。秋雨的起讫时间与西风环流出现及南支急流建立有密切联系，亚洲中高纬为两槽（东亚及西西伯利亚）一脊（贝加尔湖）。西太平洋副高脊线在 25°N。

2. 长江流域暴雨主要特征

暴雨是多种尺度天气系统相互作用的结果，持续性暴雨既取决于大尺度天气系统的稳定性，如副热带高压、西风带长波槽脊位置、强度的稳定性；也取决于天气尺度系统，如气旋、锋面、低槽、低涡、切变线、台风等的活动；同时还有赖于不断的中尺度天气系统的生成，暴雨在本质上是中尺度天气现象。在一些中尺度雨团、雨带、中低压、低空急流等中尺度天气系统中,上升速度可达几米每秒或更大。它们在高温高湿、位势不稳定条件下,为暴雨的形成提供了必要的条件。

1) 主要暴雨天气系统

江淮地区:长江中下游及淮河流域地区最主要的暴雨往往发生于 6 月中旬至 7 月中旬的梅雨期。梅雨期间,地面准静止锋上空,850 hPa、700 hPa 大多有切变线对应。当有高空低槽沿切变线东移时,槽前暖平流和正涡度平流常诱生低涡及地面气旋发生、发展和东移,出现大暴雨过程。在高空大尺度环流形势不变的情况下,这种短期降水过程可相继重复出现,造成一个个暴雨中心。江淮地区主要天气系统为切变线、涡切变和静止锋。

西南地区:西南地区地理条件比较复杂,暴雨发生情况与东部不同,同时西南地区内部和地区之间也有差异。例如,四川盆地多特大暴雨,云南南部受热带系统影响,大巴山秋雨明显。四川大暴雨基本不受热带气旋的影响,主要天气系统为低槽、东西向切变线和低涡。贵州暴雨天气则主要是低槽切变线,占 92%,热带气旋仅占 6%。云南暴雨,低槽、切变线和冷锋等西风带系统占 72%。纬度越低,热带系统产生的暴雨比例越大,其中还包括受印度洋热带系统的影响。

2) 暴雨强度

我国是多暴雨国家,最大暴雨强度接近世界纪录。1998 年 7 月 9～10 日发生在长江流域陕西省商洛地区丹凤县宽坪的暴雨是我国大陆上 24 h 暴雨最大值,其 6～7 h 的降水超过 1 300 mm,仅次于 1967 年 10 月 17 日发生在我国台湾新寮的 1 672 mm。

长江流域暴雨不仅强度大,发生频次也很高。日降雨量≥50 mm 的日数,华南、江南大部有 4～8 d,四川西北部和长江中下游有 4 d 左右。暴雨主要出现在夏季风盛行季节。我国暴雨日数（日降雨量≥50 mm）是从南向北减少,暴雨期也是由南向北缩短。

3. 长江流域代表性大暴雨

长江中下游和西南地区是长江流域的典型暴雨区。长江中下游地区是江淮梅雨的主要分布地区。梅雨的降雨历时长,包括多次暴雨过程,降雨范围特广,是长江中下游干支流主要的洪水来源。西南地区大暴雨集中于四川盆地的西侧和北侧,大多与西南涡发展有关,是长江上游洪水的主要来源。

1) 长江中下游暴雨

1954 年夏,江淮流域发生了有记录以来从未有过的持续性暴雨洪水。暴雨特点是历时长（梅雨期从 6 月 1 日起到 8 月 2 日止,长达 60 多天）,暴雨次数多（12 次降水过程）,范围广,强度大,上、中、下游交替发生,致使上、下游,干、支流洪水并涨。主汛期 5～7 月 3 个月累积雨量在 1 200 mm 以上的高值区主要分布在洞庭湖水系、鄱阳湖水系和皖南山区、大别山区。其中黄山、大别山、九岭山区局部地区雨量达 1 800 mm 以上,最大点雨量黄山站达 2 824 mm。6 月 22～28 日,低涡暴雨雨深在 100 mm 以上的雨区范围为 69 万 km²,该面积上的降水总量达 1 269 亿 m³,是特长历时特大面积暴雨的最大值。

2001 年 6 月 17～22 日,湖南省出现入汛后最强的暴雨过程,共计暴雨 31 站次,大暴雨 4

站次，其中以 18 日 8 时至 20 日 8 时的雨强最大。6 月 18 日 8 时，在湖南省湘西南部有一切变线，切变线有利于空气的垂直运动而形成强降水，绥宁县处切变线南侧，而到 18 日 20 时，切变线有所南压，刚好穿过雪峰山麓的洞口、绥宁、黔阳、会同四县的交界处，因此使得该地区成为暴雨中心。绥宁县河口乡 18 日 20 时至 19 日 8 时 12 h 降雨 281 mm，洞口县茶路电站 18 日 8 时至 19 日 8 时日雨量达 250 mm，其中最大 1 h 雨量 141 mm，频率超过百年一遇。会同县 18 日 20 时至 19 日 11 时 15 h 降雨 150 mm，局部超过 200 mm。强暴雨导致绥宁县发生大范围山洪泥石流，25 个乡镇 28 万人受灾，倒塌房屋 1 575 栋，失踪、死亡 124 人，冲走大牲畜 3.2 万头，冲毁桥梁 210 座、学校 19 所、塘坝 1 240 座，损坏水电站 13 座，52 个企业因灾停产，部分地区交通、通信中断，直接经济损失 5.6 亿元。怀化市因灾死亡 16 人，直接经济损失 3.2 亿元，其中会同县城进水，最深处 5.4 m，枝柳铁路被洪水冲断路基，运行中断，22 个乡镇全部停电，倒塌房屋 1 300 余栋，稻田受灾面积 7 900 hm²，绝收 1 000 hm²。

2015 年 6 月 18 日 4 时至 13 时，绥宁县普降暴雨、局地特大暴雨，武阳、唐家坊、河口 3 乡（镇）降雨量超过 200 mm，其中武阳镇大溪站 6 h 降雨量达 252 mm，重现期为 500 年一遇。强降雨导致县内中小河流和山洪沟洪水暴涨，资水支流蓼水河红岩水文站洪峰水位 106.6 m，相应流量 1 780 m³/s，超历史实测记录。"2015.6.18"强暴雨导致的山洪造成遂宁县 20.5 万人受灾，4 100 间房屋损毁倒塌，水利、交通等基础设施损毁严重，直接经济损失达 2.15 亿元（芮艳杰 等，2015）。

2）西南地区暴雨

1981 年 7 月 9～14 日，四川盆地西部、中部、北部广大地区普降特大暴雨（简称"81.7"暴雨）。这次暴雨历时长达 6 天，雨区遍及成都、温江、乐山、绵阳、南充、内江、永川、达州等 15 个市（区），笼罩着岷江、大渡河、青衣江、涪江、沱江、渠江、嘉陵江、金沙江和川江水系。据有关部门的资料统计，过程雨量 100 mm 以上的面积为 158 780 km²；200 mm 以上的为 69 648 km²；300 mm 以上的为 19 520 km²；400 mm 以上的为 2 600 km²。最大暴雨中心在广元上寺，400 mm 以上的笼罩面积在 480 km² 左右，最大 24 h 雨量 418.5 mm，其相对应的 1 000 km² 的面积雨量为 341.8 mm。"81.7"暴雨中，12 日至 14 日三天降雨量占过程降雨量的 90%。而 12 日晚上至 13 日晚上集中了过程降雨量的 70%～80%。尤以 12 日 14 时至 13 日 14 时雨强最大。这次过程，1 h 最大降雨量的最大值达 84.7 mm，出现在资阳。3 h 为 153 mm，6 h 为 239 mm，1 日为 345.8 mm，3 日为 473.4 mm。"81.7"暴雨时程分配恶劣，大部分地区的雨峰尖瘦呈单峰型，也有的呈双峰型，雨量前小后大，最大暴雨集中在后期。暴雨中心一般最大 6 h 暴雨量占过程总量的 30%，其中尤其上寺和北川甘溪所占比重最大，分别达 48% 和 54%。这种分配形式，前期小雨土壤水分饱和，河中底水升高，后期雨量几乎全部变为洪水径流，增加洪峰。因此，是最不利的分配雨型（四川省自然资源研究所，1984）。

4. 长江流域降雨与山洪灾害

根据历年统计资料，山洪及其诱发的泥石流、滑坡灾害的发生与降雨量、降雨强度和降雨历时关系密切。降雨的分布特点决定着山洪灾害（特别是溪河洪水）的区域空间分布，反映出降雨量与山洪灾害的相关关系。高强度的降雨是引起山洪灾害最主要的原因之一。在相同条件下，降雨历时越长，降雨量越多，产生的径流量越大，山洪灾害造成的损失越严重。降雨以堆积体表面黏膜为主要破坏对象，堆积体在大强度暴雨及长历时、大雨量条件下易受激发而失稳形成滑坡。在旱年–涝年交替的年份，降雨诱发的滑坡灾害损失成倍剧增，即多雨或久雨的年份内，滑坡灾害的发生概率要高于少雨或短雨年份。降雨尤其是暴雨，是诱发坡面型泥石流最主要的因素，它改变了斜坡岩土体的水文地质条件，且强降雨条件下，滑坡可转化为泥石流，造成的灾害更为严重。

长江流域除江源地区外都位于东部季风区，降水充沛，多年平均降雨量为 1 100 mm。流域气候复杂，尤其在夏季，受东南季风及长江中下游梅雨的影响，降水季节分配比较集中，有 70%～90% 的降水集中在 5～10 月，而暴雨尤以 7～8 月最为集中，也成为山洪灾害发生的高发月份。但长江流域暴雨出现的时间具有明显的区域特点，内部差异明显。流域东南部 2～3 月就开始有暴雨发生，汉江、嘉陵江、岷江、沱江及乌江流域 4 月才开始出现暴雨，金沙江 5 月才有暴雨。流域中游的南岸及下游地区暴雨多集中在 5～8 月，支流中的赣江和湘江上游暴雨多集中在 4～7 月，长江上游的大部分地区和中游的北岸暴雨多集中在 6～9 月。长江上游和中游北岸暴雨大多在 9～10 月结束，而中下游南岸暴雨大多在 11 月结束，个别地区在 12 月结束。在时间分配上可以看出，长江流域在大部分年份都存在着山洪灾害发生的压力，做好对降雨，尤其是暴雨的实时观测与预报对预测山洪灾害的发生极其重要。

在一定的下垫面条件下，暴雨的分布区域也决定着山洪灾害的分布区域。在长江上游地区，四川盆地西北部边缘暴雨最多，并分别向东部盆地腹地和西部的高原地区减少。在长江中下游地区，受东南季风影响，由东南向西北方向递减，且山地丘陵地区多于河谷平原地区，多地形雨，迎风坡降雨大于背风坡。如前述，长江流域有多个暴雨中心（年平均暴雨日数大于 5 d），如川西暴雨区、大巴山暴雨区、湘西北暴雨区、鄂西南暴雨区、江南暴雨区等。长江流域暴雨次数多，且季节分配集中、分布广的特点为流域内山洪灾害的频发提供了充分的降雨条件。

长江流域大都分布在湿润地区，降水多，多暴雨成为流域山洪灾害常发的重要原因。在地区分布上，长江中下游地区年暴雨日数自东南向西北递减，该地区诱发山洪灾害高易发降雨区主要分布在武夷山脉、衡山山脉，湖南的浏阳河流域、资水、澧水、沅水的中上游地区，湖北的鄂西地区，河南的桐柏山和伏牛山区，以及鄂东豫南皖西大别山区等地。山洪灾害中易发降雨区主要分布在湖南的东南部及洞庭湖区、江西的西南部及鄱阳湖周边地区、安徽的中西部。在上游，年暴雨日数自四川盆地西北部边缘向盆地腹部及西部高原递减，长江上游地区诱发山洪灾害高易发降雨区主要分布在云贵高原中西部和四川盆地西北部。具体来说包括贵州的六冲河、都柳江、清水江流域，云南省的澜沧江、元江流域，四川省的雅砻江及岷江（包括大渡河）、嘉陵江的上游区域，陕西省的秦巴山地等；山洪灾害中易发降雨区主要分布在贵州的大部及四川的中东部（李中平 等，2008）。

5. 长江流域典型区域山洪灾害与气象条件的关系

1）湖南省山洪灾害与气象条件的关系

湖南省地处亚热带湿润气候区，不但降水丰沛，而且雨量集中，并常以暴雨形式出现，因此，湖南气候条件有利于山洪、滑坡和泥石流的发生。山洪、滑坡和泥石流与降雨量、降雨强度及前期降水的关系都很密切。

湖南省是山洪灾害的易发区。湖南省受季风、地形及台风的影响,一是降雨强度大,山丘区降雨日数一般为 140～180 d,其中 500 mm/h 暴雨日数达 3～6 d。多年平均降雨量 427 mm,雪峰山等五大暴雨区年降雨量 1 600～2 000 mm,且多集中在 4～6 月。受台风影响,高强度降雨过程多发生在 7～9 月。多年平均最大 7 d 暴雨量为 140～300 mm,最大 3 d 暴雨量为 110～210 mm。山区各地最大 24 h 点暴雨多数超过 300～400 mm。二是以局地性和地区性暴雨居多,局地性和地区性暴雨分别占 38.2% 和 35.1%,合计占暴雨日数（1959～1983 年 4～6 月共计 441 个暴雨日）的 3/4,区域性和大范围暴雨依次占 19.4% 及 7.2%,合计占暴雨日数的 1/4。区域性暴雨特征不仅会触发山区水沙流体,而且为山洪灾害发生的区域性与地区性创造了良好的分异条件。

湖南省的山洪灾害依其不同类型在分布上有一定的地域性,发育程度也具有一定的地区差异,其分布和发育程度与地质背景及具体的地理地貌有着密切关系。如滑坡,除洞庭湖平原外,全省广泛发育,其中尤以怀化、张家界、株洲、邵阳及郴州等市发育强度最高,已知滑动体积最大的达 2 500 万 m³ 左右（桑植县鹰咀山滑坡）,体积 100 万 m³ 以上的有 50 处以上;泥石流主要分布在湘西北、湘西、湘南山地地区,此外,湘中一些低山—高丘陵区也多有发育,固体物质流程最长的达 12 km（石门县太平乡覃家峪）,固体物质一次冲出量最大体积达 5 500 万 m³（1985 年发生于郴州东坡柿竹园多金属矿区）。

湖南省已发生的滑坡 90% 以上发生在雨季,且多发生在暴雨期间,明显地反映出大雨—暴雨是滑坡发生的诱发主因。大雨—暴雨很快使岩土体浸湿及孔隙裂隙充水饱和,抗剪强度大为降低;岩土重量增大,地下水位明显上升,增大了地下水的动水压力和静水压力,使斜坡稳定性不断降低,导致每次降大雨都发生大量滑坡。由于滑坡的发生与大气降水关系十分密切,它们在时间分布上具有与大气降水规律的高度一致性,包括年际和年内两方面的规律性。年际规律主要受控于丰水年年际周期性旋回,湖南省在 1988～1995 年以来,特别是 1990～1991 年以来为滑坡灾害多发时段,与丰水年份高度一致。在年内时间分布上主要发生在 4～8 月,与湖南省降水集中期及暴雨期完全一致。

泥石流的发生与强降水密切相关,因此,湖南省泥石流发生的时间分布无论在年内或年际上都明显地表现出与降水强度的高度一致性。在年内时间上的分布:首先是多发生在每年的 4～8 月,与湖南省雨季完全一致,偶有冬季发生者,也仍为暴雨所致,并且多为黏性泥石流;其次是每次泥石流的发生都是大暴雨和短历时高雨强出现时,或前期降雨多后又出现高雨强时。在年际上的分布,受丰水年及特大暴雨所控制,以致全省或地区的丰水年发生的泥石流较平水年多,一些平常不发生泥石流的区域也发生了泥石流,如湘中的新邵县。1998 年为丰水年并降百年一遇暴雨,因此发生了多条大—巨型泥石流。

2）陕西省山洪灾害与气象条件的关系

山洪灾害的发生是许多因素的组合,但降雨是诱发山洪灾害的最主要也是最直接的因素。对陕西省突发性山洪灾害的分类统计表明,持续降雨诱发者占山洪灾害总发生量的 65%,局地暴雨诱发者约占总发生量的 43%,也就是说,约 2/3 的突发性山洪灾害是由于大气降雨直接诱发的或与气象因素密切相关。长历时高强度降雨及暴雨使秦岭、北山河水暴涨,山坡土层含水饱和,土体软化,强度减弱,加之雨水沿断裂或岩石缝隙渗入地下,导致溜塌、蠕动、浅层滑坡及泥石流大量发生,强大的水动力条件和河谷中不良地质体发育,成为山洪灾害易于发生的环境条件。

研究结果表明,在 10 年的气象周期中,滑坡、泥石流发生的频次与年降雨量的多少呈正相关,丰水年灾难性滑坡呈现高值,偏旱年份滑坡致灾事件少。每年滑坡、泥石流发生数的时间分配,高值出现在连阴雨季 6～9 月,尤以 7～9 月最集中。冬季无论是滑坡还是泥石流都较少发生。在对 1981 年陕南降水与山洪灾害情况对比、1984 年全省滑坡情况等一系列的灾害与降水分析中发现:当前一年的雨量偏多时,次年的开春季节发生的灾害性滑坡较常年偏高;陕南地区进入汛期后,6～9 月降雨量超过多年同期降雨量 200 mm 时,滑坡和泥石流会大量成片发生;秦巴山区 6～10 月降雨超过多年同期平均值又有暴雨叠加时,会引发大量滑坡。

陕南汉江河谷是多暴雨带,暴雨季节比较长,3 月下旬至 11 月上旬均有暴雨出现,而大暴雨出现在 5 月中旬至 10 月下旬,特大暴雨只出现在 6～9 月。连阴雨多发生在关中和陕南,由此决定了秦巴山区以局地特大暴雨和连阴雨中的暴雨为主,雨期有时长达一周或数 10 d,在大面积雨区中可能出现一个或数个降雨中心,是我国著名的山洪灾害多发区和重灾区。

在对大量的山洪灾害个例分析中发现,山洪灾害的发生与前期降雨量和短历时雨强有着十分密切的关系,强暴雨和连续降雨是诱发山洪、滑坡、泥石流最主要的原因之一,连阴雨尤其是连阴雨中出现暴雨日更应引起注意。1981 年 8 月 13 日～24 日,陕南持续降雨,秦巴山区出现 4 个暴雨中心,诱发滑坡、泥石流约 1.9 万处(条),其中规模较大的有 2 600 余处(条),仅汉中市所属各县毁坏房屋 1.6 万间,死亡 305 人,造成历史罕见的山洪灾害。

3)湖南省降雨强度和历时与不同类型山洪灾害形成的对应关系

高强度的集中降雨是引起山洪灾害最主要的原因,但不同的地质条件和相同气候背景的区域导致诱发山洪灾害的临界雨强是不同的;相同的地质条件和不同气候背景的区域导致诱发山洪灾害的临界雨强也不尽相同。

据统计分析,湖南省已发生的滑坡和崩塌 90%以上发生在雨季,且多发生在暴雨期间,明显地反映出大雨—暴雨是滑坡和崩塌发生的诱发主因。降雨诱发滑坡在时间上存在两种情况。一种发生在降雨过程中,如 1990 年 6 月中旬一次暴雨,使湘西、湘中一带发生了大量滑坡崩塌,其中沅陵县 6 月 14 日降雨 245.4 mm,诱发了对马岭、验匠湾、大洲电站等滑坡;安化一带6 月 12 日～15 日降雨共 434.4 mm,诱发了探溪林场、坪口松山湾、茶山村等较大滑坡。另一种是在降雨后一段时间才发生滑坡、崩塌。例如,1990 年 7 月 17 日～20 日,湘西一带降雨累积 157.5 mm,雨后 4 d 才发生了龙山县拓市镇滑坡;1991 年 7 月 1 日～6 日,湘西北降雨累积200 mm,也是雨后 4 d 才发生桑植县赵家湾、张家湾等滑坡。

湖南省已发生的滑坡和崩塌,绝大多数都是在强降雨过程中或稍后发生的,滑坡、崩塌与降雨之间存在着显著的因果关系。因此,大雨—暴雨是湖南省滑坡和崩塌发生的最主要诱发因素,以致每年雨季,特别是每次大雨或暴雨后都发生大量的滑坡、崩塌。

据以往资料表明,一个降雨过程的降雨量大于 150 mm、日降雨量大于 100 mm,就很容易诱发滑坡和崩塌,降雨越大,诱发概率越高。据统计,湖南省以往发生泥石流的降雨量为 133.7～560.1 mm,降雨强度为 20.0～129.3 mm/h,一般为 50 mm/h 以上,大型以上泥石流的降雨量最小为 230.0 mm。实际情况表明，具有相当大的降雨量和降雨强度才能发生泥石流，降雨量和降雨强度越大，形成泥石流的概率就越高，规模也越大。例如，吉首市己略乡阿婆山泥石流，降雨量达 420 mm，降雨强度达 105 mm/h；郴州市柿竹园巨型泥石流，降雨量为 560.1 mm，最大降雨强度为 81 mm/h；保靖县普戎乡墨绪洞泥石流，降雨量为 329.0 mm，最大降雨强度达 129.3 mm/h。由于降雨量大、降雨强度高，不但能迅速形成泥石流，而且泥石流规模都为大—巨型。

一些泥石流发生时的降雨情况表明，前期降雨对泥石流的影响很大，降雨直接关系着所需激发泥石流的短时降雨的降雨强度及雨量，它可造成土体预先饱和含水，当有较多的前期降雨时，激发泥石流的短时降雨的降雨强度及雨量将较低。例如，石门县九斗峪巨型泥石流发生于 1980 年 7 月 31 日，当时降雨量并不很大，但在此之前断续降雨，上中旬共降雨 114 mm，18 日至 21 日降雨 225 mm，土体已经饱和，并产生了拉裂，30 日～31 日再降雨 157.6 mm 时便激发了该泥石流；郴州柿竹园巨型泥石流，其发生也与前期较多降水有密切关系，从 1985 年 8 月 24 日 3 时开始降雨，到 24 时共降雨 130.3 mm，使土体饱水，25 日凌晨降雨强度达 81 mm/h 时即激发了该泥石流（李中平 等，2008）。

1999 年郴州市"8·13"特大山洪灾害，郴州市城区日降雨量 295 mm，最大 1 h、2 h 和 3 h 降雨分别为 50 mm、96 mm 和 126 mm，最大 12 h 降雨高达 293 mm，其中以 13 日 2 时～8 时 6 h 最为集中，降雨 204 mm。2000 年 9 月 1 日～3 日，郴州资兴市特大山洪灾害，龙溪站日降雨 394 mm，超过 100 年一遇，而且降雨大都集中在夜间。2001 年 6 月 9 日，邵阳市洞口县茶坊电站最大 1 h 降雨 141 mm，强度超过 100 年一遇。2001 年 6 月 18 日，绥宁县最大 12 h 降雨达 360 mm，为超过 200 年一遇的特大暴雨（庞道沐，2001）。

3.1.2　下垫面因素

降雨是诱发山洪灾害的外在动力和激发条件，而地质构造、地层岩性、地形地貌、土壤类型、植被等各种下垫面环境则决定了山洪灾害形成和发展的范围和强度。

1. 地质构造、新构造运动

长江流域地跨扬子准地台、三江褶皱系、松潘甘孜褶皱系、秦岭褶皱系和华南褶皱系 5 个地质大构造单元，其中，下游处于横贯中国的秦岭东西向构造带与南岭东西向构造带之间。地质构造复杂多样，断裂发育，尤其在一级和二级阶梯过渡带表现最为明显。新构造运动和地震活动西强东弱，青藏高原自上新世多次剧烈隆起以来，其隆起活动从未停止，在长江流域内以横断山脉隆起最为强烈，流域内发育着几条比较活跃的断裂带，比较有名的断裂带有安宁河断裂带、小江断裂带及绿江断裂带等，这些断裂带密集区地质活动相对活跃，地势高差大，河网密集，河谷深切发育，受地势影响容易形成地形雨。

2. 地层岩性

地层岩性与山洪灾害的形成和发育有密切关系。由于风化速度的不同，岩性软弱的岩层比岩性坚硬的岩层更容易遭受破坏，提供松散物质越容易，对泥石流的形成越有利。不同的岩性组合，可以影响风化作用的强度和速度，软硬相间的岩性组合比岩性均一的岩石更容易风化，侵蚀也更强烈，特别有利于泥石流和滑坡的发育，因此软硬相间的岩体是泥石流和滑坡的主要岩性单元，其次为次软类岩性的岩石分布区。溪河洪水灾害与岩性的组成关系不如泥石流灾害和滑坡灾害显著，岩性组成对溪河洪水的影响主要是通过地貌和降水的入渗能力等方式进行。一般情况下岩性坚硬致密则入渗能力差，地表径流易汇集，但若构造作用出现大量裂隙或岩体破碎，则会增加入渗能力，减少地表径流，因此坚硬岩石分布区溪河洪水灾害的发生需视具体情况而论。

长江流域岩性多样，太古宇至第四系均有出露，并有不同时期的岩浆岩分布。中部地区，区域稳定性较好，岩石以软硬相间的红色砂岩、泥岩和坚硬的碳酸盐岩分布最广。在四川盆地内出露的地层以侏罗系和白垩系的石灰质紫红色砂岩、页岩为主，长江干支流河谷阶地及山间盆地等处有黏性土分布。东部地区，基本上属地形的三级阶梯，区域稳定性北部较差，大别山以坚硬岩浆岩与变质岩为主，江南丘陵区分布有变质岩、岩浆岩、碳酸盐岩、砂页岩等。长江流域岩性的复杂性使得流域内除了溪河洪水灾害广泛分布外，滑坡泥石流灾害也暴发频繁，是我国滑坡泥石流灾害最为严重的区域。例如，滇东北、陇南地区以沉积岩和副变质岩为主，且多软弱相间的页岩、泥质灰岩、粉砂岩、黏土岩、片岩、千枚岩，因此易发滑坡、泥石流；三峡地区页岩形成低矮缓坡，而灰岩形成高耸陡崖，因而滑坡、崩塌较发育。

3. 地形地貌

在所有影响山洪灾害形成及危害程度的因素中，地形地貌条件相对稳定，变化也较为缓慢。地形地貌首先为山洪灾害的发生提供势能和发育空间，同时对暴雨的形成和产生起明显的作用，决定了山洪灾害的形成和分布格局。

长江流域地形地貌复杂，分布着青藏高原、横断山脉、云贵高原、四川盆地、江南丘陵、长江中下游平原等地貌单元，山区面积广阔，占流域总面积的 80% 以上。流域地势由西向东逐渐降低，跨越我国地形的三大阶梯，而在一级与二级阶梯的过渡地带，岭谷高差达 2 000 m 以上，山坡坡度多在 30°～50°，河床纵比降大，多跌水和瀑布，且流域内河网密布溪流众多，使得河谷多深切发育。流域山区这些特殊的地形地貌条件对山洪灾害的形成有其独特的作用。陡峻的山体坡度为山洪发生提供了充分的动力条件，由降水产生的径流在高差大、切割强烈、沟道坡度陡峻的山区有足够的动力顺坡而下，迅速向沟谷汇集，形成强大的地表径流，为山洪灾害的形成创造了有利条件。多山的地貌使得长江流域地形雨较多，丘陵、台地和山前山丘区地形雨所形成的暴雨要远大于平原暴雨，为山洪灾害的发生提供了外界激发条件。另外，陡峭的地形地貌和丰富的松散物质还为山洪灾害尤其是泥石流灾害提供了充足的物质基础，使得长江流域成为全国山洪灾害，尤其是泥石流灾害最为严重的地区。

4. 地势起伏

地势起伏对山洪灾害的影响主要体现在两个方面：一是为溪河洪水、泥石流灾害的发生提供势能条件；二是为泥石流、滑坡灾害提供充足的固体物质和滑动条件，沟坡坡度的陡缓直接影响到泥石流的规模和固体物质的补给方式与数量。从众多的统计资料来看，在我国东部中低山区，20°～30°有利于泥石流发生，固体物质补给方式主要是滑坡；在西部边缘高山区 30°～

70°容易发生泥石流灾害,固体物质补给方式大多为崩塌、滑坡和岩屑流。沟床比降控制着流体由位能转变为动能的底床条件,是影响泥石流形成和运动的重要因素,一般来说,泥石流沟沟床比降越大,越容易发生泥石流灾害;崩塌、滑坡规模越大,形成泥石流的规模也越大,反之亦然。

5. 植被

森林植被对溪河洪水的调节作用比较复杂,主要是通过森林–土壤系统对降雨的调节作用实现。森林植被对溪河洪水的影响主要表现在两个方面。首先,森林通过林冠截留降雨,枯枝落叶层吸收降雨和雨水,增加土壤入渗、蓄水和地下径流,减少地表径流,增加径流均匀性,起到削减和降低雨量和降雨强度的作用,从而影响地表径流量。其次,森林植被增大了地表糙度,减缓地表径流流速,增加其下渗水量,从而延长了地表产流与汇流的时间。最后,森林还能阻挡雨滴对地表的冲蚀,从而减少流域的产沙量。总而言之,森林植被对溪河洪水有一定的抑制作用。但植被对山洪灾害的抑制作用会随着降雨强度的变化而变化。当降雨强度较小时,森林对降雨的截留率较高,对山洪的抑制作用比较明显。而随着降雨强度的逐渐增大,截留率明显减小。长江流域上游小流域和小集水区数据表明,森林确实有调洪作用,可减少雨水径流量,使得雨水汇流时间滞后,并且减少流域洪峰量,多林流域的洪峰量为少林流域的75%左右。植被虽然能够减缓溪河洪水灾害的发生程度,但是若当降水强度达到诱发滑坡灾害发生的临界值时,由于植被根系深度小于浅层滑坡土体深度,当具备一定条件时,植被对滑坡体的重力作用更易加重滑坡的发生,从而加重滑坡灾害的危害程度。

3.2 人类经济社会活动影响

山洪灾害的发生和发展,以及山洪灾害在时间和空间上的分布及变化规律,既受制于自然环境,又与人类活动有关,是人类与环境相互作用的结果。随着人类活动规模的不断扩展,人类活动与山洪灾害的关系越来越复杂,对山洪灾害的促发作用或抑制作用也变得越来越明显。分析人类活动对山洪灾害的影响,目的是研究人类各项活动对山洪灾害形成环境的扰动作用及对灾害的抑制作用,为山洪灾害的防治提供理论与实践基础。

中华人民共和国成立以来,随着我国经济建设事业的发展,人类活动逐步地向广度和深度发展,尤其是在山区,诸如森林集中采伐,毁林开荒,陡坡垦殖,修路开山炸石,矿山开采乱弃废渣,水利工程建设,过度放牧和索取生物能源,以及城镇建设,等等,往往由于措施不当和开发过度,违背自然规律,使山地局部生态环境遭受到一定程度的影响和破坏,从而改变地表原有结构,扰动土体造成山坡水土流失,产生崩塌、滑坡和泥石流。由此可见,不合理的人类活动为山洪灾害尤其是滑坡、泥石流灾害的形成创造了有利条件;而人类合理的经济活动,顺应自然规律,维护生态环境,则可以在一定程度上防止山洪灾害的形成和加剧。

人类经济社会活动对山洪灾害形成的影响程度究竟有多大,目前众说纷纭。有人认为,人类活动导致山洪灾害数量与自然作用引起的山洪灾害各占一半,更有甚者将人为因素造成山洪灾害的比例估计在80%左右。对岷江上游山洪灾害形成的若干最主要的自然与人为因素综合调查和分析研究，得出人类活动对山洪灾害形成和综合影响起了 40% 的作用。例如，四川会理县炭山沟为一条老泥石流沟，在自然状态下，泥石流暴发频率较低，规模和危害较小，但在人类强烈经济活动作用下，松散碎屑物质剧增，极大地促进了泥石流的形成，使泥石流的形成因素由自然型转化为人为型，泥石流活动随着采煤弃渣等松散碎屑物质的积累而增强，1990 年 5 月 31 日暴发了灾害性泥石流，造成巨大损失（谢洪 等，1994）。因此，该沟的自然因素是泥石流山洪灾害形成的基础，人为因素则促进了灾害的发生发展，扩大了灾害规模，加重了山洪灾害危害程度。可见，人为因素在泥石流发生发展中起到了重要的作用。

党的十八大以来，我国大力实行生态文明建设，强调"绿水青山就是金山银山"，注重对生态环境的保护，对山洪灾害的形成起到了良好的抑制作用。但是由于我国广义的山丘区面积占了国土面积的 70%以上，而且随着经济社会的发展，人类经济社会活动必然向山丘区进一步扩展，因此，必须高度重视山丘区不合理的生产生活活动对山洪灾害的激发作用。

3.2.1　人类活动对山洪灾害的激发作用

总体来说，不合理的人类活动主要从以下几方面加速加剧山洪灾害的发生和发展。

1. 山丘区资源的不合理开发

1）森林集中过伐，采育失调

森林具有多方面效益，有水源涵养、水土保持等作用，同时可为国家提供一定的木材。在少林的山区，森林的水源涵养与保水固土作用更为突出。各种效益的森林虽然都可以采伐，但是采伐不能只为取得木材，在采伐方式上也应因林而宜。历史教训告诉我们：在一般情况下，森林生态系统破坏乃至毁灭，导致灾害，都是由于采伐方式和采伐量不合理，也就是人们常说的"乱砍滥伐"与强制采伐（过量采伐）。我国中高山区自然条件原本就有利于山洪灾害的形成，落后的耕作方式破坏了森林生态系统，更加大了山洪灾害暴发的频率。例如，四川攀西地区随着人口增长带来的粮食问题，曾因向山地要粮而扩大耕地，靠毁林开荒、陡坡垦殖来解决，加上传统落后的刀耕火种耕作方式，毁林、毁灌，从而破坏山地植被。另外，为发展农田水利，开山挖石，修环山渠道，弃渣不当，防渗措施差或无防渗设施，从而造成水土流失、崩塌、滑坡，为泥石流的形成创造了有利的条件，每遇暴雨，山洪灾害就会暴发。这不仅使山地农田一扫而光，而且给山下造成巨大危害。有的因在溪沟源头水源涵养林区毁林种田和环山渠道渗漏，滑坡活动强烈，为泥石流的发生提供了丰富的固体物质，在暴雨激发下，导致攀西地区山洪灾害频繁的发生，造成严重损失。

2）矿山开采与弃渣

我国山区矿产资源极其丰富，矿山开采活动行为也极其频繁，尤其是在山丘区，矿山资源开发是山区经济发展的重要手段之一。而在暴雨易发的山丘区进行矿山开发活动，常常成为山洪灾害的重要致灾因素，具体表现为：大面积的矿山开发，对森林和地表植被造成巨大破坏，往往形成矿山荒地，地表裸露，加速水土流失，加重山洪灾害的形成和发展；矿山开发场地、矿山交通、矿山居民点，常常由于地形的限制分布在容易遭受山洪灾害的区域，在灾害发生时容易成为受灾体；矿山开发形成地面塌陷、地面开挖、地面开裂，在暴雨时孕育滑坡、泥石流等山洪灾害；矿山剥离堆土及矿渣堆积占用土地、淤塞河道，导致河道水文情势变化，在暴雨发生时，发生洪水灾害或者产生矿山泥石流；露天开采破坏地表形态，在暴雨时开采区大量积水，极易诱发滑坡、泥石流；矿山生产中弃渣如果不作合理处理，甚至乱堆乱倒，一遇暴雨往往产生泥石流，造成灾害。例如，四川冕宁县盐井沟铁矿开采产生的弃渣堆积于流域中上游的排土场内，1970 年 5 月 26 日夜间在暴雨激发下暴发泥石流，造成 104 人死亡等重大生命财产损失，就是典型事例之一。四川省会理县 1981 年雨季 15 个采矿区因山洪泥石流暴发造成停产，损失大量矿石，冲毁数十条公路，造成 110 多万元的经济损失；四川宁南县的银厂沟，因群众开采锡矿，年年发生泥石流，危害下游公路 800 m，淤埋附近大片农田。

3）能源过度开采

山丘区农村能源匮乏是一个相当突出的问题，为解决能源问题，过度的能源开采导致泥石流等山洪灾害不断发生。四川攀西地区能源利用，多以生物能源为主，水能利用较差。尤其在山丘区农村，人员多分散居住在山上，水能的利用更为困难，对生物能源的依赖更强，对森林等资源的过度利用极易为泥石流的发生创造条件。2017 年 8 月 8 日四川省普格县泥石流，主要就是由于能源的需求而乱砍滥伐后山的森林植被造成的。此外，条件较好的城镇和山村虽修建水电用于生活，但由于修水电站挖渠，破坏山体或弃土不当，水渠渗漏，雨季也容易形成泥石流。例如，四川省木里县 1980 年 8 月 5 日的一次泥石流，就是修建水电站破坏了山坡稳定性及施工弃土不当，由暴雨引起滑坡堵塞渠道，导致渠水漫流，汇同弃土酿成泥石流，冲入电机房，造成巨大损失。

4）人类生产生活范围的不合理扩展

随着国家经济社会的发展，人类生产生活范围随之扩大，由此可能带来新的山洪灾害隐患。如近年来"驴友"探险遭遇山洪的事情常有发生。2019 年 8 月 4 日傍晚，暴雨导致湖北省鹤峰县一处未开发的景区山洪暴发，十余名游客遇难。2015 年 8 月 3 日，陕西省西安市长安区普降中到大雨，东南部山区大峪河、小峪河流域发生特大暴雨。小峪河东侧石门岔沟突发山洪，将在小峪河村河道路边外侧就餐的 9 名群众冲入小峪河，全部遇难。

2. 山丘区城镇的不合理建设

城镇是人口、产业高度集中的区域，具有相同水文特征的洪水发生在城镇区域，其灾害后果将大大地高于一般区域。山洪灾害容易发生的区域一般情况，山高谷深，平坦地极少。随着经济建设的发展和人口的不断增加，可供生产生活建设的平坦用地越来越少，为了获得更多的土地，人们不得不在容易发生洪水及次生的山洪灾害的河滩地、沟口地、斜坡地、山脚地，用以建房、修公路、建工厂、造耕地等，侵占河滩地，压缩河流过流断面，束窄河槽。而河滩是山洪通道，当山洪来临时，河滩之上的各种建筑物便极为危险。沟口地是溪河洪水与泥石流极易冲击的地带，在这些地带进行建设活动本就有着巨大的山洪风险。斜坡地、山脚地在暴雨情况及特定的地质结构条件下，容易发生滑坡与泥石流，属于禁止建设或控制建设的区域，但人类活动的扩展，在不适宜建设的区域进行了建设，孕育了灾害，也容易加重灾害损失。

1）不适宜建设的山洪危险区安排城镇用地

山丘区城镇建设规划必须与山丘区自然格局与演变规律相适应，但是由于对这一规律认识的不足或者由于资金等问题，在进行山丘区城镇规划的时候常常不能适应自然规律，顺势而建，导致建设项目成为山洪灾害的危害对象，诱发或加重灾害。

1995 年 6～7 月，在暴雨袭击下，四川省康定城连续三次发生山洪，引发严重的泥石流、滑坡、崩塌、恶性水土流失等山洪灾害。这些灾害除冲毁水渠、农田、工厂，堵塞和冲毁公路，中断交通，毁坏电站、电力和通信线路，中断供电、通信外，还导致穿越城区的折多河、康定河（又称瓦斯沟）洪水猛涨而形成分流，城区大部分被淹，上千人被洪水围困，分流洪水携带大量泥沙沿两岸街道倾泄，强烈冲刷街道路面，冲毁市镇设施，致使大量房屋倒塌，造成重大损失。据统计，这次灾害的直接经济损失约达 5 亿元。其中城区河段受山体及各种建筑物约束，各桥梁下净空限制，泄洪能力不足，山洪冲毁了沿岸大量建筑物，并严重淤塞上桥以下主河道，造成洪水主流改道从城区街道下泄，是灾害加剧的主要原因。

2002 年 6 月 9 日，发生在陕西省佛坪县的山洪灾害，造成数百人死亡和失踪及巨大财产损失。据佛坪县救灾抢险指挥部公告，县城被山洪冲毁房屋 409 间共 6 900 m²。椒溪河洪峰到达县城时，河堤街成为过水通道，水深齐腰；洪水过后，街道淤泥厚达 1 m。位于金水河畔的岳坝乡、栗子坝乡，椒溪河畔的长角坝乡、西岔河乡、东岳殿乡、十亩地乡，蒲河畔的陈家坝镇等乡镇政府驻地都遭受洪水严重危害，其中岳坝乡政府机关被冲毁；全县有 17 所学校被冲毁，其中长角坝乡沙坝小学、岳坝乡中心小学、郭家坝小学等被冲得荡然无存；县自来水厂、化肥厂、纤维板厂及 9 座水电站等大量水利设施被摧毁。灾害造成的直接经济损失达数亿元。这场灾害中，在山洪危险区建设是加剧此次灾害的重要原因，大多数被冲毁的厂房、学校都位于山洪危险区的河滩地和山洪通道上。

2）防洪工程缺位

城镇建设与防洪工程建设不能同步进行，盖河、盖沟工程及压缩行洪断面使山洪无法顺利下泄而导致山洪灾害，特别是为了更多开发建设用地而将具有泄洪功能的河道覆盖，给城镇的安全埋下隐患。防洪工程的布局与城镇的布局不协调，或者防洪工程的防洪标准偏低都会导致山洪灾害加剧。

3）不合理的交通工程建设

从成灾的原因分析，引起山洪灾害的虽然主要是自然因素，但从主观上看，由于对自然规律认识不足，交通工程建设在勘测、设计、施工、养护、管理等方面存在缺陷，灾害损失有所加重。

勘测设计方面。公路、铁路在勘测设计中，有的对山洪水文调查研究不够，未采取避让措施或彻底处置而给工程留下隐患，一遇暴雨洪灾，常产生路基冲毁等严重危害。在沿河（溪）的道路中，有的迁就地形，为减少投资而线位偏低，未能保证路基标高及桥涵设置符合有关规定的设计洪水频率，造成不少沿河路段极易受淹。在桥涵设计或桥涵改造时，有的因对水文工作不够重视，桥涵孔数及跨径偏少偏小，泄水断面不够，排洪能力不足。有的过多侵占河床，危及桥孔及引道安全。在桥梁设计中没有因地制宜采用校核洪水频率，以及相应的水位、流量验证桥梁孔径、桥面标高和基础冲刷深度，以致桥梁冲毁或汛期经常淹没阻车。在桥梁设计中，多注意了主桥工程，忽视锥坡、翼墙、导流构筑物及引道防护工程的设置，或工程质量不高，以致薄弱部位先被冲毁，危及全桥安全。

施工方面。未严格按照基本建设程序办事，施工中抢进度，或随意改变设计、降低技术标准，未严格遵守操作规程保证工作质量，给工程安全度洪留下隐患。不少路段防护工程基础浅、砌筑粗糙，发生洪水时，极易造成严重垮塌。有的挖断山脚，在山洪作用下形成山体滑坡或倒塌。排水系统不完善，特别是天沟不完善，难以满足暴雨排水的要求。

修路弃土堵塞河道。修筑公路、铁路和其他大型建设所产生的弃土倾倒在溪沟河道中，造成河道淤塞，排泄不畅，发生山洪时，泥沙俱下，掩埋村庄和农田。

3. 山丘区房屋选址不当

山丘区由于地形条件的限制，部分房屋选址在河滩地、岸边及坝下等地段，如遇山洪暴发，易遭受灾害，造成人员和财产损失。据考察，山丘区洪灾损失逐年加大，特别是发生大量的人员伤亡，主要原因是洪水冲垮房屋。山洪冲毁房屋有如下几个原因和方式。

1) 山区溪源修建房屋

山区居民房屋、村庄坐落在大山坡脚、沟槽谷底或山垭出口松散土层上，这些溪流山高坡陡，汇流较快，洪水涨落剧烈，预警时间很短，降雨后很短时间内洪水即至，当发现洪水进屋，慢则半小时，快则十几分钟，洪水就将这些房屋连同屋架和地基一起冲走，造成大量人员伤亡。2001 年 6 月 19 日，湖南省绥宁县瓦屋塘乡暴发山洪，6 月 18 日 24 时，宝顶山开始降雨，19 日 1~2 时为暴雨（1 小时达 140 多毫米），19 日 3 时宝顶山脚下的宝顶村和双江口村冲毁房屋 3 000 多间，死亡 26 人。据双江村一位亲身经历这场山洪的村民回忆，6 月 18 日深夜天气闷热，他们 4 人聚集在溪旁一栋屋内下棋，19 日凌晨 2~3 时，雨越下越大，发现溪水猛涨，水进一楼，他见势不妙，出屋往山边跑，还没跑 100 m 远，见河边灯熄了，房屋和人都被洪水卷走。

2) 河流滩地修建房屋

在山丘区，一些村落、场镇的房屋建于山洪主流带中，中小支流河道断面普遍狭小，洪枯水位流量变化大，枯季有的小河几乎断流，而夏季每当山洪暴发，流量猛增，洪枯比高达数百倍。因此，在很多小支流上汛期过洪断面明显不足，从而造成漫溢，沿河槽两岸的农田、道路也成为主要行洪带。一般情况下，暴雨流量为多年平均流量的 5~10 倍，洪流带宽度为原溪流河槽宽度的 2~4 倍，主要洪水流速达 4~8 m/s，冲击力大，席卷房屋和桥梁。

3) 河岸地带建房

房屋、街道坐落在河岸，有些人侵占河滩垒墙建房。许多城镇沿河岸布设街道，特别是在河道凹岸砌直墙修吊脚楼，更容易被山洪冲毁。江河自上游山地进入山川平地，流速虽不及在山溪陡坡段，但洪峰时主流槽流速仍达 4 m/s 以上，冲击力还很强。所以，当山洪暴发时，位于河道川地的河岸房屋、街道被冲垮卷走的现象时有发生。特别位于凹岸边的房屋，因洪水掏空岸脚和高水位行洪时主流偏于岸一侧，一条街倒塌，造成严重伤亡和损失。

4）房屋质量差

被暴雨山洪淹没的地方，许多房屋虽然不在山洪高流速带内，但由于房屋用土坯建成，质量差，水泡则塌；有的仓库设于地下室，水淹损失巨大；有的城镇排涝标准低，暴雨淹没低洼道路，阻塞交通，居民常常被水围困，造成重大经济损失和人员伤亡。

5）坝下建房

村庄、集镇建于山塘和水库坝下，山洪冲垮水库，淹没和冲走村庄和集镇，伤亡惨重。造成一次性重大伤亡事故的灾害，往往与垮塘、垮坝冲毁村庄和居民点有极大的关系，发生在历史上较大的山洪灾害，都是这种因素所致，特别是小型水库、废弃水库、病险水库是孕育巨大灾害的不可忽视的因子。

6）滑坡体上建房

房屋建在滑坡体上或滑坡体下，暴雨山洪使坡体土料浸泡饱和，加大下挫力，同时渗水沿滑裂面渗透，减少摩擦阻力，形成滑坡或山崩，有的整个村庄被掩埋，有的整个村庄被滑入江河水库之中。

4. 病险水利水电工程的山洪灾害隐患

水利水电工程在水力资源利用、防洪减灾方面具有重要地位，其建设对于保护流域内人民生命财产安全具有重要意义。但是，与位于大江大河的重点水利水电工程相比，多年来，山丘区拦洪和拦沙工程，更多的是从防治水土流失的角度着手进行的，缺乏对暴雨山洪、特大洪水的综合考虑，防洪减灾能力较弱。同时，山丘区水库一般情况下库容小，溪流流域缺乏大中型拦蓄工程，对山洪蓄控能力较弱，一旦山洪发生，缺乏防洪能力较强的大中型拦蓄工程对洪水的调控，洪水极易成灾。

水利工程建设与特大洪水存在一定矛盾。河道是流水之道，一般河槽中有枯水河槽、中水河槽，还有大水洪道。通过多年平均流量为枯水槽，通过多年平均洪水流量为中水槽，特大洪水必然漫溢，为非常洪水通道，包括河滩及两岸农田和低洼带。大部分山区中小水库大坝质量差，溢洪道窄。我国 20 世纪 80 年代以前建设的中小型水库大多为土坝，多数存在质量问题，其中存在较为严重的病患水库不少，若暴雨洪水入库超量，库水位超高，大坝将出现隐患，而泄洪溢洪道也无泄超量洪水之能力，满溢坍坝有可能发生。小型水库、山塘因暴雨山洪漫坝毁库致灾的已有不少先例。据国际大坝委员会统计，至 1975 年，世界已建大坝 15 800 座（不包括中国）。1975 年有 150 座失事，其中因漫顶而破坏的有 61 座，占 40.7%。据牛运光（1998）对我国 241 座大型水库先后发生过的 1 000 次事故分析，因漫坝而失事的占 51.5%。1960～1987 年，安徽省小型水库垮坝失事 119 座，其中因洪溢垮坝 64 座，占 53.8%。

3.2.2　人类活动对山洪灾害的抑制作用

人类对山洪灾害的抑制主要通过减轻灾害程度，改善灾害与人类活动的关系，躲避灾害区域，控制灾害要素、保护受灾体等来实现。

1. 通过生态措施减轻灾害程度

面对导致山洪发生的特殊气象条件及特殊的地表地形地质状态，人类在这些自然力的面前是相当渺小的，在目前科技水平状态下，几乎不可能对这些因素产生大的作用，但是通过适当的生态措施，还是可以减轻灾害程度的。表现在：改善地表植被、提高森林覆盖率，通过森林植被对暴雨的缓冲作用、对水量的调蓄作用，减低洪峰、减轻灾害；综合提高水土保持能力，减轻暴雨发生时形成洪水的水源，减少泥石流的物源，提高滑坡体的稳定程度。

小流域治理可以在很大程度上抑制山洪灾害，实践证明，如果小流域得到综合治理，既减少了产洪区，又能增加保漫区、调节区；增加小流域的蓄水和调节能力，减少地表径流，从而减轻山洪灾害。单项措施的减水、减沙也能产生一定的效益。以小流域为单元，因地制宜，因害设防，采取工程措施和生物措施相结合，沟坡兼治，蓄、排、合、缓等措施进行综合治理，既改变了生态环境，也带来经济效益、生态效益和社会效益，同时也可以在一定程度上抑制山洪灾害。

2. 改善灾害与人类活动的关系

（1）将人类生产生活范围控制在灾害不易发生的区域，减轻灾害损失：山丘区人类生产与生活尽可能地使用不易发生灾害的台地、高地、平坦地，避免使用河滩地、沟口地、斜坡地、山脚地用以建房、建工厂、修公路等。

（2）通过山地城镇合理规划，躲避灾害：山地城镇规划适应自然规律，顺势而建，留出足够的山洪泄洪区域，不适宜建设的山洪危险区不安排城镇用地。我国历史上古老的村镇都遵守了这一基本原则，这样能够改善灾害与人类活动的关系，降低或避免灾害发生。

（3）水利工程综合考虑各类效益，减轻山洪灾害：在建设水利工程的时候综合考虑防洪、灌溉、养殖、发电等综合效益，在一定程度上也能抑制山洪灾害的发生。

（4）为山洪留出足够的通道：随着对山洪灾害认识水平的提高，山洪发生的不可避免性越来越得到认识，为山洪留出足够的通道成为人类抑制山洪灾害重要的措施。

（5）协调交通工程、矿山工程与山洪灾害的关系：在交通工程、矿山工程建设过程中加强水文状况调查研究，采取避让措施或彻底处置，控制或减轻暴雨发生时的严重危害；在沿河（溪）的道路中，保证路基标高及桥涵设置符合有关规定，提高沿河路段和工程防冲能力，在桥涵设计或桥涵改造时，设置足够的过水断面，保证排洪能力，完善排水系统，控制诱发滑坡、泥石流的洪水要素；平衡土石方，严禁弃土倾倒在溪沟河道中，防止河道淤塞，排泄不畅，防止泥沙淤积掩埋村庄和农田。

3. 躲避灾害区域

人类各项活动的选址，特别是居民点、村镇的选址，尽量避开山洪灾害容易发生的区域。从历史与现实状况分析，在山洪灾害容易发生的区域，躲避灾害是防灾减灾的基本策略。20世纪 70 年代，日本通过大范围的国土整治计划，在全国范围内制定躲避灾害策略，在灾害易发区域，减低人口、村镇、城市、经济等的密度与强度，将不适合生存的山地灾害易发区，大量恢复为林区、自然公园区、自然保护区，大大地降低灾害的损失。我国一些地区，通过村镇搬迁、移民等措施, 躲避灾害也取得了明显效果。农村地区通过宣传教育, 使得人们熟悉其所在区域的水文、气象、地质、地貌特点及水灾等自然灾害的发展规律, 总结当地的山洪灾害的经验教训, 躲避灾害区域, 减轻灾害损失也取得了明显效果。

4. 水利水电工程抑制灾害

山洪灾害易发区, 通过在小溪流上游修建一批塘坝水库, 蓄水以减少地面径流, 适当调控, 有效拦蓄山洪, 对山洪灾害的抑制起到了明显的作用。但山丘区山塘、水库如果病险多, 一旦被山洪冲垮造成的危害更加巨大, 因此必须注重对病险水库的修复和防护工作。

修建导洪渠, 对现有溪沟进行疏浚、沟堤护砌、裁弯取直等整治工作, 可以有效地控制山洪灾害。对容易在暴雨时引发的泥石流沟, 修筑拦沙坝或挡泥墙、分流隔离墙等泥石流防治工程, 可以减轻和防止泥石流的危害。对有滑坡的山体, 进行工程治理, 也可以减轻灾害。

3.2.3　山洪灾害与人类经济社会活动的综合影响分析

山洪灾害的发生、发展有其自身复杂的规律, 对人类经济社会的影响还表现出长久性、复合性等特征。

首先, 重大山洪灾害常造成大量的人员伤亡和财产损失。山洪灾害一旦发生, 伤亡动辄数十人、上百人甚至数百人, 财产损失数以亿计, 造成大量的人员伤亡和财产损失。其次, 受山洪灾害周期性变化的影响, 经济发展也相应地表现出一定的周期性特点, 在山洪灾害活动的平静期, 灾害损失减少, 社会稳定, 经济发展比较快。相反, 在活跃期, 山洪灾害频繁发生, 基础设施遭受破坏, 生产停顿或半停顿, 经济社会遭受巨大的直接和间接影响。

山洪地带性分布规律还导致经济发展的地区性不平衡。在一些地区, 山洪灾害具有群发性特征和周期性的频繁产生, 致使区域性生态破坏、自然条件恶化, 严重地影响了当地社会、经济的发展。而随着地球人口的增加, 人类的需求不断增长, 为了满足这种需求, 各种经济开发活动加快, 一些违反自然规律的、非科学的人类活动使得山洪发生环境日益恶化, 导致灾害程度加剧。

山洪灾害除了造成人员伤亡, 破坏房屋、铁路、公路等工程设施, 造成直接经济损失外, 还破坏资源和环境, 给灾区经济社会发展造成广泛而深刻的影响。特别是在严重的山洪灾害集中分布的山区, 山洪灾害严重阻碍了这些地区的经济发展, 加重了国家的负担。因此, 有效地防治山洪灾害不仅对保护灾区人民生命财产安全具有重要的现实意义, 而且对于促进区域经济发展具有广泛而深远的意义。

3.3　山洪灾害防治

3.3.1　我国山洪灾害防治历程

我国全国性的山洪灾害防治实践工作始于 21 世纪初。2002 年, 根据时任国务院副总理温家宝的批示, 水利部会同原国土资源部、中国气象局、原建设部、原国家环保总局联合成立了全国山洪灾害防治规划领导小组、领导小组办公室和规划编写组。领导小组办公室设在国家防汛抗旱总指挥部办公室，负责规划的组织、协调等日常工作，水利部长江水利委员会为规划编制的技术牵头单位。在汇总全国 29 个省（自治区、直辖市）山洪灾害防治规划的基础上，水利部长江水利委员会编制完成《全国山洪灾害防治规划》，并于 2006 年 10 月得到国务院的正式批复。

《全国山洪灾害防治规划》坚持"人与自然和谐相处""以防为主，防治结合""以非工程措施为主，非工程措施与工程措施相结合""全面规划、统筹兼顾、标本兼治、综合治理""突出重点、兼顾一般"的原则，在对山洪灾害易发区全面开展山洪灾害普查的基础上，系统地分析研究了山洪灾害发生的原因、特点和规律，确定了我国山洪灾害的分布范围。根据山洪灾害的严重程度，划分了重点防治区和一般防治区，明确了以山洪灾害监测、山洪灾害通信预警系统、山洪灾害防灾减灾预案、搬迁避让和政策法规等非工程措施为主，结合山洪沟治理、泥石流沟治理、滑坡治理、病险水库除险加固和水土保持等工程措施的山洪灾害防治方案，并提出了山洪灾害防治工作近期（2010 年）及远期（2020 年）的规划目标和建设任务。其中，近期目标为初步建成我国山洪灾害重点防治区以监测、通信、预报、预警等非工程措施为主与工程措施相结合的防灾减灾体系，基本改变我国山洪灾害日趋严重的局面，减少群死群伤事件和财产损失（《全国山洪灾害防治规划报告》，2006 年）。

为尝试和探索山洪灾害防御中非工程措施建设的有效途径和方法，积累山洪灾害防治工作经验，2007 年水利部委托水利部长江水利委员会编制完成《全国山洪灾害防治试点县实施方案》。2009 年，全国 103 个试点县山洪灾害防治工作正式开展，为全面建设山洪灾害防治县级非工程措施奠定了坚实基础。

2010 年 10 月，《国务院关于切实加强中小河流治理和山洪地质灾害防治的若干意见》（国发〔2010〕31 号）明确指出，深入贯彻落实科学发展观，坚持以人为本、科学防治、依法防治、防治结合、以防为主的方针，按照总体规划、分步实施、突出重点、落实责任的原则。在继续加快大江大河治理的同时，以防洪薄弱地区和山洪地质灾害易发地区为重点，以中小河流治理和中小水库加固、山洪地质灾害防治、易灾地区生态环境综合治理为核心内容，以工程措施和非工程措施为主要手段，以地方人民政府为实施主体，中央部门加大指导协调和资金支持力度，力争用 5 年时间，使防洪减灾体系薄弱环节的突出问题得到基本解决，防御洪涝和山洪地质灾害的能力显著增强，易灾地区生态环境得到明显改善，防灾减灾长效机制更加完善。同年 11 月，水利部、财政部、原国土资源部和中国气象局联合下发了《关于开展全国山洪灾害防治县级非工程措施建设工作的通知》（水汛〔2010〕481 号），计划利用 3 年时间，初步建成覆盖全国 1 836 个县的山洪灾害防御非工程措施体系。县级非工程措施建设的内容主要包括：开展防治区内的山洪灾害普查；划定防治区内的山洪灾害危险区；编制县级及防治区内的基层乡村预案；确定乡镇和小流域的临界雨量、水位等预警指标；建设覆盖防治区的雨水情监测站点；县乡村配备必要的预警；建设县级监测预警平台；建立群测群防体系，落实基层责任制，建设必要的临时避险设施，开展宣传培训演练等。通过 3 年的建设，于 2013 年汛前基本完成了"全国山洪灾害防治县级非工程措施"项目，初步建成了覆盖全国 29 个省（自治区、直辖市）305 个地级市的 2 058 个县级山洪灾害防治区的非工程措施体系。项目建设的监测预警系统和群测群防体系发挥了很好的防灾减灾效益（邱瑞田，2012）。

在前期已实施的山洪灾害防治县级非工程措施项目建设基础上，2013 年 5 月水利部和财政部联合印发了《全国山洪灾害防治项目实施方案（2013—2015 年）》，明确了 2013～2015 年山洪灾害防治项目主要包括调查评价、非工程措施补充完善和重点山洪沟防洪治理等三项建设任务。其中，山洪灾害调查评价是 1949 年以来水利行业最大的非工程措施项目，是规模最大的全国性防灾减灾基础信息普查工程，全国共调查了 2 138 个县（市、区）单位，756 万 km² 土地面积，涉及总人口 9 亿。运用普查、详查、外业测量、分析计算等多种手段，掌握了中国山洪灾害防治区范围、人员分布、下垫面条件、社会经济、历史山洪灾害等基本情况，科学分析了山丘区小流域的暴雨洪水特性，评价了现状防洪能力，计算了预警指标，划定了危险区，为山洪灾害预警预报和应急救援决策提供了基础信息支撑（郭良 等，2017）。

2017 年，水利部印发了《全国山洪灾害防治项目实施方案（2017—2020 年）》，确定了根据经济社会变化新形势和新要求，充分利用互联网+和大数据等新技术，巩固提升已建非工程措施，结合山丘区贫困县精准扶贫工作部署，有序推进重点山洪沟（山区河道）防洪治理试点的防治思路（郭良 等，2018）。

3.3.2　山洪灾害防治现状

在全国范围内，长江流域降雨量丰富，降水持续时间长，横跨我国一级、二级、三级阶梯，地质地貌类型复杂多样，山丘区面积大，且长江流域人口众多、经济社会发展程度较高，暴雨型山洪灾害频发，类型齐全，分布广泛，是我国山洪灾害最为严重的区域。根据不完全统计，长江流域溪河洪水灾害、泥石流、滑坡灾害均超过全国同类灾害的 50% 以上，而且长江流域涉及的山洪灾害防治县（市、区）也占到全国山洪灾害防治县（市、区）的 2/5 以上，远大于长江流域面积占全国总面积的比例。因此，长江流域是我国山洪灾害最为严重的区域，也是我国山洪灾害防治的重点区域。

全国山洪灾害防治涉及 29 个省（自治区、直辖市）和新疆生产建设兵团、305 个地（市）、2 058 个县（市、区）、3.2 万个乡（镇）、47 万个行政村、155 万个自然村，防治面积 386 万 km²，受益人口 3 亿人。2010 年以来，在国家的大力支持和水利部精心组织下，有关部门和地方协同配合，确保按期完成了山洪灾害防治项目第一步的建设任务。截至 2018 年，全国已经初步建成了山洪灾害防御非工程措施体系：①调查了山丘区 155 万个自然村，基本查清山洪灾害防治区范围、人员分布、社会经济和历史山洪灾害情况；②基本查清山丘区 53 万个小流域基本特征和暴雨特性，完成了 16 万个重点沿河村落的防洪现状评价，更加合理地确定了预警指标；③划定了山洪灾害危险区 41 万处，明确了转移路线和临时避险点，形成了全国统一的山洪灾害调查评价成果数据库。编制了县、乡（镇）、村和企事业单位山洪灾害防御预案 32 万件；④建设了自动雨量站、水位站 7.5 万个，简易监测报警站 36 万个，安装专用报警设施设备 140 万套；⑤建设完成全国 2 058 个县的山洪灾害监测预警平台，29 个省（自治区、直辖市）、新疆生产建设兵团以及 305 个地（市）的山洪灾害监测预警信息管理系统；⑥制作警示牌、宣传栏、转移指示牌 119 万块，发放明白卡 6 652 万张，组织培训演练 1 635 万人次；⑦完成了 342 条重点山洪沟防洪治理项目，保护 1 811 个行政村、45 423 个自然村和 311 万人。由于我国山洪灾害防治坚持行政首长负责制，各项措施以行政区划为单元，按流域统计数据不太现实，下面以长江流域内的两个县作为示例,以点带面地分析长江流域内山洪灾害防治现状。

1. 云南省昭通市巧家县

巧家县位于云南省东北部、昭通市西南部,与四川省凉山州会东县、宁南县、布拖县、金阳县及云南省昆明市东川区、曲靖市会泽县、昭通市鲁甸县、昭阳区等 8 个县(区)界邻,全县 16 个乡镇,面积 3 245 km²,人口约 61.2 万(2016 年)。全县总体属南亚热带季风气候区,立体气候明显,江边河谷地带年均降雨量 850 mm 以下,高寒山区 1 500 mm 左右,雨量充沛。加上境内山峰高耸、沟谷纵横、断裂发育,山地面积占全县面积的 98.9%,因而是云南省比较典型的山洪地质灾害多发区。

2014 年度巧家县山洪调查成果显示,截至 2015 年 2 月,巧家县境内已建各类监测站点 37 座,包括 2 座水库水文站、5 座水位站、30 座雨量站(其中 9 座简易雨量站);已建无线预警广播站点 64 座,包括 3 个乡(镇)级无线预警广播站和 61 个行政村级无线预警广播站(表 3-1 和图 3-1)。全县初步建成县级预警指挥体系。

表 3-1　巧家县山洪灾害监测预警设施基本情况

站点项目	站网密度/(座/100 km²)	基本情况
自动监测站	0.86	自动监测站共 28 座,按防汛等级划分,有省级重点报汛站 7 座;按监测站类型分,有 21 座雨量站、2 座水库水文站、5 座河道水文站 在地区分布方面,所有监测站分布在巧家县的 12 个乡镇,其中小河 5 座,药山和老店各 4 座
无线预警广播站	1.97	无线预警广播站共 64 座,设备类型为 I 型。其中白鹤滩 5 座,大寨 6 座,小河 5 座,药山 5 座,老店 5 座,茂租 3 座,东坪 5 座,红山 4 座,新店 4 座,包谷垴 4 座,崇溪 4 座,金塘 3 座,炉房 3 座,蒙姑 3 座,中寨 5 座
简易雨量站	0.28	简易雨量站共 9 座。在地区分布方面,全县 9 个乡镇,药山、马树、老店、东坪、新店、包谷垴、崇溪、金塘、蒙姑各 1 座

巧家县的山洪预警站网系统建设还不够完善,对于山洪预警至关重要的雨量监测站(自动站+简易站)的站网密度仅约 0.9 座/100 km²,而相对易于推广的简易雨量站的站网密度更低至 0.28 座/100 km²,这样的布设水平与当地现实山洪灾害防治需求尚存一定距离,且已设站点绝大部分坐落在沿河村落/城集镇/水库(或附近),都有明确的承灾对象。

2. 湖南省郴州市嘉禾县

嘉禾县位于湖南南部、郴州市西南部,东接桂阳县,南邻临武县,西抵永州市蓝山县、宁远县、北通永州市新田县,全县辖 13 乡镇,面积 698.3 km²,人口约 41 万(2014 年)。该县属亚热带季风湿润气候,水热充足,多年平均降雨量 1 400 mm。境内岗丘起伏,地形较破碎,山地、丘陵和岗地占全县面积的 71.8%。

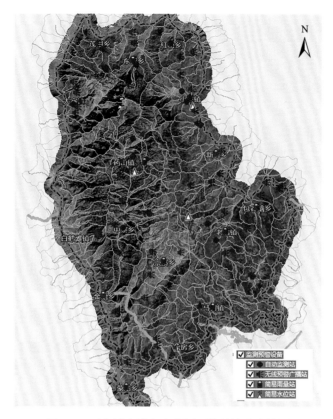

图 3-1 巧家县山洪灾害监测预警设施分布简图

根据山洪调查成果，嘉禾县境内已建自动监测站 34 座，按监测站类型分，雨量站 7 座，水库水文站 14 座，河道水位站 2 座，河道水文站 1 座，气象站 10 座；简易雨量站 152 座，简易水位站 19 座，无线预警广播站 145 座（表 3-2 和图 3-2），覆盖全县的山洪灾害预警系统框架初步形成。

表 3-2 嘉禾县山洪灾害监测预警设施基本情况

站点项目	站网密度/（座/100 km²）	基本情况
自动监测站	5	34 座，中央报汛站 2 座，省级重点报汛站 8 座，山洪报汛站 24 座
简易水位站	2.8	19 座，覆盖全县 77%的乡镇，包括石桥镇 3 座，盘江乡 1 座，田心乡 3 座，广发乡 3 座，袁家镇 1 座，车头镇 2 座，珠泉镇 1 座，塘村镇 3 座，肖家镇 1 座，龙潭镇 1 座
无线预警广播站	20.7	145 座，I 型 13 座，II 型 132 座，盘江乡 8 座，广发乡 15 座，塘村镇 9 座，车头镇 8 座，袁家镇 20 座，肖家镇 5 座，行廊镇 6 座，普满乡 14 座，石桥镇 13 座，龙潭镇 12 座，坦坪乡 6 座，田心乡 8 座，珠泉镇 21 座
简易雨量站	21.7	152 座，盘江乡 9 座，珠泉镇 19 座，普满乡 15 座，龙潭镇 12 座，肖家镇 7 座，行廊镇 10 座，袁家镇 33 座，塘村镇 9 座，车头镇 6 座，广发乡 11 座，石桥镇 6 座，坦坪乡 5 座，田心乡 10 座

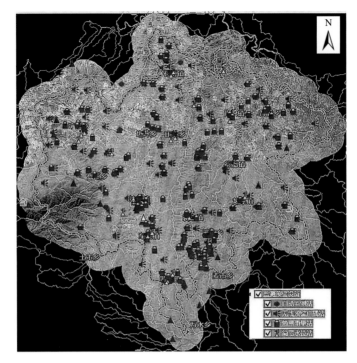

图 3-2　嘉禾县山洪灾害监测预警设施分布简图

　　嘉禾县较之云南省的巧家县，地势起伏较小，人口更为密集，区域经济水平也更发达，山洪监测预警设施不管从建站数量还是密度来看，都更加完善。但是即便如此，嘉禾县的监测预警设施也主要布设在有明确承灾体的沿河村落/城集镇/水库（或附近），这也与现阶段全国山洪灾害县级非工程措施的布设要求有关。

第 4 章

长江流域山洪灾害空间分异的驱动因子

不同类型的山洪灾害,因涉及的灾害链过程有较大差异,影响因素的类别和作用机制也不尽相同。以往工作针对特定类型山洪的过程研究、单一影响要素的作用规律研究及不同尺度山洪灾害风险(危险)评估的内容较多,缺乏对不同类型的山洪灾害与主要影响因素之间的定量关系的综合考量,特别是对不同类型的山洪灾害空间分异的驱动机制还认知不足。

山洪灾害过程是自然社会因子综合作用的结果,现有研究一方面强调过程机理,在一定程度上忽略了对承载体的考虑,另一方面只研究单一因子对揭示成灾机理仍有局限。这种局限性在山洪灾害风险(危险)评估研究中表现尤其明显:虽然知道降雨、地质地貌、人口分布和固定资产等是引发山洪灾害的重要因子,但因为不知道它们在特定类型山洪中的相对作用强弱,在权重设置上只能采取偏向主观的方法,使结果的随意性较大。

据此,本章基于空间分析的视角,由长江全流域、四川省、香溪河三个由整体至局部的空间层次(杜俊 等,2018,2015a;孙莉英 等,2016),探究山洪灾害(链)空间分布表象背后的关键影响要素及驱动机制,以及这种关联性随空间统计尺度不同而产生的变化趋势,以期明确长江流域山洪灾害空间分异的内在规律。

4.1 全 流 域

本节主要在长江全流域的空间尺度层面,探讨不同类型山洪灾害(链)与主要自然因素的关系。

4.1.1 数 据 来 源

虽然山洪过程历时一般不超过 6 h,但考虑到前期降雨,1~24 h 不同时段的降雨均有可能对山洪灾害的发生产生影响。结合长江流域自身特点,收集整理得到长江流域地形地貌图、长江流域地质图、长江流域数字高程模型(digital elevation model,DEM)。基于 ArcGIS 平台,以长江流域 DEM 为基础得到长江流域的坡度、高程差、河网数据;以长江流域日降雨数据,得到了长江流域年平均 24 h 降雨量图、年平均暴雨日数图,对《中国暴雨统计参数图集》中的《中国年最大 6 h 点降雨量均值等值线图》进行矢量化,得到长江流域年最大 6 h 降雨量数据。

1. 降雨数据来源及提取方法

降雨原始数据来源于国家气象台站点数据,插值得到 25 m 长江流域日降雨数据(1990~2010 年),并从中提取各站点年平均 24 h 降雨量、年平均暴雨日数(>50 mm)(图 4-1)。根据《中国暴雨统计参数图集》中提供的《中国年最大 6 h 点降雨量均值等值线图》,利用 ArcGIS 对其空间矫正、数字化,得到长江流域年平均最大 6 h 降雨量图(图 4-2)。

2. 长江流域 DEM 及坡度、高程差、河网数据来源及提取方法

由地理空间数据云下载获取 SRTM DEM UTM 90 m 分辨率 DEM,作为进行长江流域山洪灾害地形地貌因素数据提取的基础,相关数据已基于 SRTM3 V4.1 版本的数据进行了修正

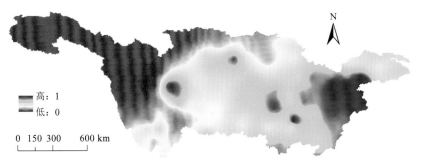

图 4-1　长江流域年平均暴雨日数归一化图

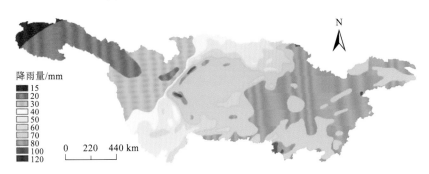

图 4-2　长江流域年平均最大 6 h 降雨量

处理。以长江流域 DEM 为基础，利用 ArcGIS 获得长江流域的坡度（图 4-3）、地势起伏（高程差，图 4-4）及河网数据。

图 4-3　长江流域坡度图

图 4-4　长江流域地势起伏

3. 长江流域地貌图

由国家科技基础条件平台中心获取全国 1:500 万地貌图（图 4-5），从中提取长江流域部分，并以《全国山洪灾害防治规划》所用地貌单元分类表（表 4-1）将长江流域地貌类型归并为 21 个类别，并进一步合并为（极）大起伏山地、中小起伏山地、黄土梁峁、台地、丘陵、平原、湖泊 7 个地貌分区单元。

图 4-5　长江流域地貌图

表 4-1　长江流域地貌单元分类表

地貌分区单元	地貌类型	高程区间
（极）大起伏山地（I）	极大起伏山地	切割深度>2 500 m，高程不分
	现代冰川	高程不分
	大起伏山地	切割深度 1 000～2 500 m，高程不分
中小起伏山地（II）	中起伏山地	切割深度 500～100 m，高程不分
	小起伏山地	切割深度 200～500 m，高程不分
丘陵（III）	丘陵	切割深度<200 m，高程不分
台地（IV）	冲积台地	含各高程的冲积台地
	洪积台地	含各高程的洪积台地
	冰水（碛）台地	含各高程的冰水（碛）台地
	熔岩堆积台地	含各高程的熔岩堆积台地
	剥蚀台地	含各高程的剥蚀台地
	湖（海）积台地	含各高程的湖（海）积台地
黄土梁峁（V）	黄土梁峁台塬	包含黄土梁峁、台塬、塬
平原（VI）	低海拔平原	<1 000 m
	中海拔平原	1 000～2 000 m
	中高海拔平原	2 000～4 000 m
	高海拔平原	4 000～6 000 m
	高寒高原	>1 000 m 以上的冰水（碛）平原
湖泊（VII）	湖泊	高程不分

4. 断裂带数据来源及提取方法

由国家地理空间信息中心获取 1:500 万中国地质图,并从中提取出断裂带图层,通过裁剪获取长江流域断裂带图(图 4-6)。

图 4-6　长江流域断裂带图

5. 植被指数数据来源及提取方法

归一化植被指数(normalized difference vegetation index,NDVI)可以反映地表植被覆盖状况。在地理空间数据云获取中分辨率成像光谱仪(moderate-resolution imaging spectroradiometer,MODIS)中国区域 NDVI 产品,考虑到长江流域山洪灾害主要发生在每年的 4~9 月,因此选取了 2010 年 4~9 月的 NDVI 数据,利用 ArcGIS 栅格计算器计算平均值,得到长江流域植被指数数据(图 4-7)。

图 4-7　长江流域 NDVI 图

6. 土壤可蚀性数据来源及提取方法

根据长江流域土壤类型图(图 4-8),计算各评价单元平均土壤可蚀性。

7. 长江流域岩性数据来源及提取方法

根据全国岩性分区图,提取长江流域岩性图(图 4-9)。

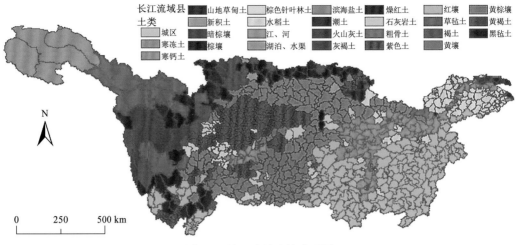

图 4-8 长江流域土壤类型图

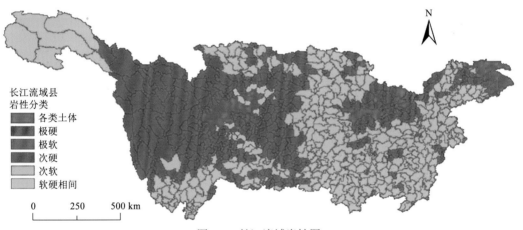

图 4-9 长江流域岩性图

4.1.2 指标选择与分析方法

1. 评价单元及指标选择

以中国山洪灾害防治区长江流域的小流域为评价单元进行分析。

（1）溪河洪水影响因子主成分分析。基于 4 500 个样本,选取年平均最大 6 h 降雨量（X_1）、年平均暴雨日数（X_2）、年平均 24 h 降雨量（X_3）、植被指数（X_4）、平均起伏度（X_5）、河网密度（X_6）、≥15°坡度百分比（X_7）进行溪河洪水影响因子主成分分析。

（2）溪洪–（崩塌）滑坡影响因子主成分分析。基于 1 694 个样本,选取年平均最大 6 h 降雨量（X_1）、年平均暴雨日数（X_2）、年平均 24 h 降雨量（X_3）、植被指数（X_4）、平均起伏度（X_5）、岩性指数（X_6）、≥15°坡度百分比（X_7）、断裂带密度（X_8）、河网密度（X_9）进行溪洪–（崩塌）滑坡影响因子主成分分析。

（3）溪洪–（崩滑）泥石流影响因子主成分分析。基于 2 220 个样本,选取年平均最大 6 h 降雨量（X_1）、年平均暴雨日数（X_2）、年平均 24 h 降雨量（X_3）、植被指数（X_4）、平均起伏度

（X_5）、风化指数（X_6）、岩性指数（X_7）、土壤可蚀性（X_8）、≥15°坡度百分比（X_9）、河网密度（X_{10}）、断裂带密度（X_{11}）进行溪洪–（崩滑）泥石流影响因子主成分分析。

2. 主成分分析原理与步骤

1）主成分分析法的原理

主成分分析法是在提取大部分原始数据信息的前提下，把诸多统计指标转化为几个综合指标的统计分析方法。它借助于一个正交变换，将其分量相关的原随机向量转化成其分量不相关的新随机向量，从而找出若干个主分量。基于若干个主成分的方差贡献率构建综合评价函数，从而达到降维目的。

2）主成分分析法的步骤

对选取的自然影响因素指标构成的具有 $p×n$ 个数据的矩阵标准化，并根据标准化的矩阵 X，求协方差矩阵 C。求解协方差矩阵 C 的特征根 λ。通过求解出的特征根 λ，可求出各主成分分析的贡献率；当前 m 个主成分累计贡献率大于 65% 时，则主成分个数确定为 m 个。以每个主成分对应的特征值占所提取主成分总的特征值之和的比例作为权重计算主成分综合模型，得到各山洪灾害主成分表达式。依据计算结果对各类山洪灾害的主控因素进行提取。

4.1.3　溪河洪水主控因子

根据 SPSS 软件的抽样适合性检验（Kaiser-Meyer-Olkin，KMO）和 Bartlett 检验结果，溪河洪水影响因子的 KMO 值为 0.6，Bartlett 检验结果极显著（<0.001），表明所选取各因子间存在结构性和相关性，可进行主成分分析。主成分提取结果见表 4-2。由主成分提取结果可见，溪河洪水影响因素中，存在三个主成分（特征值>1），其累计方差贡献率大于 75%。

表 4-2　溪河洪水方差分解主成分提取分析表

成分	特征值	方差贡献率/%	累计方差贡献率/%
1	3.011	43.012	13.012
2	1.235	17.649	60.661
3	1.029	14.703	75.363
4	0.959	13.707	89.070
5	0.521	7.446	96.517
6	0.188	2.691	99.208
7	0.055	0.792	100.000

根据各主成分对各因子的载荷矩阵（表 4-3），溪河洪水第一主成分对 X_1、X_2 等降雨类因子，X_5、X_7 等地形类因子具有绝对值较大的载荷系数，是反映降雨和地形影响的综合因子；第二主成分对 X_4 植被指数具有绝对值较大的载荷系数，是反映水系和植被影响的综合因子；第三主成分对 X_3 年平均 24 h 降雨量和 X_6 河网密度具有绝对值较大的载荷系数，是反映降水与水系影响的因子。

表 4-3 溪河洪水因子载荷矩阵表

初始因子	第一主成分	第二主成分	第三主成分
年平均最大 6 h 降雨量（X_1）	0.884	0.241	−0.180
年平均暴雨日数（X_2）	0.814	0.307	−0.025
年平均 24 h 降雨量（X_3）	−0.007	0.030	0.772
植被指数（X_4）	0.359	0.798	0.095
平均起伏度（X_5）	−0.856	0.412	−0.009
河网密度（X_6）	−0.108	−0.167	0.650
≥15°坡度百分比（X_7）	−0.834	0.497	0.003

利用特征值与特征向量的关系来建立主成分的分析模型，得到长江流域溪河洪水的主成分模型，并以各主成分的贡献率作为权重，得到各因子对溪河洪水的贡献系数（表 4-4），并以此判断各因子对溪河洪水的影响程度。可见，各因子对长江流域溪河洪水灾害分布的影响程度依次为年平均最大 6 h 降雨量（X_1）、年平均暴雨日数（X_2）、植被指数（X_4）、≥15°坡度百分比（X_7）、年平均 24 h 降雨量（X_3）。溪河洪水的主控因子为最大 6 h 降雨量和年平均暴雨日数。

表 4-4 溪河洪水主成分模型和因子贡献系数公式

项目	公式
主成分模型	$F_1 = 0.884X_1 + 0.814X_2 - 0.007X_3 + 0.359X_4 - 0.856X_5 - 0.108X_6 - 0.834X_7$
	$F_2 = 0.241X_1 + 0.307X_2 + 0.03X_3 + 0.798X_4 + 0.412X_5 - 0.167X_6 + 0.497X_7$
	$F_3 = -0.18X_1 - 0.025X_2 + 0.772X_3 + 0.095X_4 - 0.009X_5 + 0.65X_6 + 0.003X_7$
因子贡献系数	$F_{溪河洪水} = 0.33X_1 + 0.29X_2 - 0.22X_3 - 0.24X_4 + 0.24X_7$

4.1.4 溪洪–（崩塌）滑坡主控因子

根据 SPSS 软件的 KMO 和 Bartlett 检验结果，所选取指标的 KMO 值为 0.626，Bartlett 检验结果极显著（<0.001），表明所选取各因子间存在结构性和相关性，可进行主成分分析。主成分提取结果见表 4-5。由主成分提取结果可见，滑坡影响因素中，存在三个主成分（特征值>1），累计方差贡献率达 60%。

表 4-5 溪洪–（崩塌）滑坡方差分解主成分提取分析表

成分	特征值	方差贡献率/%	累计方差贡献率/%
1	2.953	32.806	32.806
2	1.451	16.122	48.927
3	1.039	11.550	60.477
4	0.997	11.073	71.550
5	0.961	10.676	82.226
6	0.846	9.402	91.628
7	0.500	5.555	97.183

续表

成分	特征值	方差贡献率/%	累计方差贡献率/%
8	0.182	2.018	99.201
9	0.072	0.799	100.000

利用特征值与特征向量的关系来建立主成分的分析模型,得到长江流域溪洪–(崩塌)滑坡灾害的主成分模型,并以各主成分的贡献率作为权重,得到各因子对滑坡灾害的贡献系数(表 4-6 和表 4-7),并以此判断各因子对滑坡灾害的影响程度。可见,各因子对长江流域溪洪–(崩塌)滑坡灾害分布的影响程度依次为 $\geqslant 15°$ 坡度百分比(X_7)、平均起伏度(X_5)、植被指数(X_4)、断裂带密度(X_8)、年平均 24 h 降雨量(X_3)、岩性指数(X_6)、年平均暴雨日数(X_2)、年平均最大 6 h 降雨量(X_1)、河网密度(X_9)。滑坡的主控因子为地形因子($\geqslant 15°$ 坡度和平均起伏度)、其次为植被指数。由于降雨因子采用的是年平均值,而不是与滑坡关系更为密切的场次降雨强度,相关降雨指标的影响程度排名靠后,但这一结果也表明在全流域尺度,溪洪–(崩塌)滑坡过程本身受下垫面的局部控制作用更为显著,降雨的作用并不构成系统发育的瓶颈。

表 4-6 溪洪–(崩塌)滑坡因子载荷矩阵表

因子	第一主成分	第二主成分	第三主成分
年平均最大 6 h 降雨量(X_1)	−0.100	0.327	−0.014
年平均暴雨日数(X_2)	−0.051	0.343	−0.091
年平均 24 h 降雨量(X_3)	−0.033	−0.010	0.539
植被指数(X_4)	0.219	0.462	−0.079
平均起伏度(X_5)	0.452	0.094	−0.033
岩性指数(X_6)	0.054	−0.005	−0.511
$\geqslant 15°$ 坡度百分比(X_7)	0.482	0.139	−0.033
断裂带密度(X_8)	0.032	−0.038	0.528
河网密度(X_9)	−0.079	−0.245	−0.327

表 4-7 溪洪–(崩塌)滑坡主成分模型和因子贡献系数

项目	公式
主成分模型	$F_1 = -0.1X_1 - 0.051X_2 - 0.033X_3 + 0.219X_4 + 0.452X_5 + 0.054X_6 + 0.482X_7 + 0.032X_8 - 0.079X_9$
	$F_2 = 0.327X_1 - 0.343X_2 - 0.01X_3 + 0.462X_4 + 0.094X_5 - 0.005X_6 + 0.139X_7 - 0.038X_8 - 0.245X_9$
	$F_3 = -0.014X_1 - 0.091X_2 + 0.539X_3 - 0.079X_4 - 0.033X_5 - 0.511X_6 - 0.033X_7 + 0.528X_8 - 0.327X_9$
因子贡献系数	$F_{滑坡} = 0.02X_1 + 0.03X_2 + 0.05X_3 + 0.14X_4 + 0.16X_5 - 0.04X_6 + 0.18X_7 + 0.07X_8 - 0.1X_9$

4.1.5 溪洪–(崩滑)泥石流主控因子

根据 SPSS 软件的 KMO 和 Bartlett 检验结果,选取指标的 KMO 值为 0.656,Bartlett 检验结果极显著(<0.001),表明所选取各因子间存在明显的结构性和相关性,可进行主成分分析。

主成分提取结果见表 4-8。由主成分提取结果可见，泥石流影响因素中，存在四个主成分（特征值＞1），累计方差贡献率约 60%。

表 4-8　溪洪–（崩滑）泥石流方差分解主成分提取分析表

成分	特征值	方差贡献率/%	累积方差贡献率/%
1	3.109	28.262	28.262
2	1.256	11.415	39.678
3	1.088	9.895	49.573
4	1.052	9.565	59.137
5	0.974	8.852	67.999
6	0.961	8.737	76.726
7	0.898	8.160	84.887
8	0.855	7.770	92.656
9	0.553	5.023	97.680
10	0.166	1.506	99.185
11	0.090	0.815	100.000

利用特征值与特征向量的关系来建立主成分的分析模型，得到长江流域溪洪–（崩滑）泥石流灾害的主成分模型，并以各主成分的贡献率作为权重，得到各因子对泥石流灾害的贡献系数（表 4-9 和表 4-10），并以此判断各因子对不同类型山洪的影响程度。可见，各因子对长江流域溪洪–（崩滑）泥石流灾害分布的影响程度依次为≥15°坡度百分比（X_9）、平均起伏度（X_5）、植被指数（X_4）、断裂带密度（X_{11}）、河网密度（X_{10}）、年平均 24 h 降雨量（X_3）、风化指数（X_6）、土壤可蚀性（X_8）、岩性指数（X_7）、年平均暴雨日数（X_2）。溪洪–（崩滑）泥石流的主控因子为地形因子（≥15°坡度百分比和平均起伏度），其次为植被指数，与滑坡主控因子分析类似。

表 4-9　溪洪–（崩滑）泥石流因子载荷矩阵表

因子	第一主成分	第二主成分	第三主成分	第四主成分
年平均最大 6 h 降雨量（X_1）	−1.340	0.302	0.019	0.008
年平均暴雨日数（X_2）	−0.088	0.334	0.053	0.008
年平均 24 h 降雨量（X_3）	−0.037	−0.004	−0.465	0.013
植被指数（X_4）	0.201	0.547	−0.008	−0.045
平均起伏度（X_5）	0.425	0.131	0.017	−0.019
风化指数（X_6）	−0.220	−0.307	0.531	−0.083
岩性指数（X_7）	0.027	0.045	0.146	−0.647
土壤可蚀性（X_8）	−0.053	−0.029	0.038	0.585
≥15°坡度百分比（X_9）	0.461	0.185	0.005	−0.019
河网密度（X_{10}）	−0.022	−0.127	−0.507	−0.340
断裂带密度（X_{11}）	0.080	0.106	0.278	0.400

表 4-10　溪洪–（崩滑）泥石流主成分模型和因子贡献系数

项目	公式
主成分 模型	$F_1 = 1.34X_1 - 0.088X_2 - 0.037X_3 + 0.201X_4 + 0.425X_5 - 0.22X_6 + 0.027X_7 - 0.053X_8 + 0.461X_9 - 0.022X_{10} + 0.08X_{11}$
	$F_2 = 0.302X_1 + 0.334X_2 - 0.004X_3 + 0.547X_4 + 0.131X_5 - 0.307X_6 + 0.045X_7 - 0.029X_8 + 0.185X_9 - 0.127X_{10} + 0.106X_{11}$
	$F_3 = 0.019X_1 + 0.053X_2 - 0.465X_3 - 0.008X_4 + 0.017X_5 + 0.531X_6 + 0.146X_7 + 0.038X_8 + 0.005X_9 - 0.507X_{10} + 0.278X_{11}$
	$F_4 = 0.008X_1 + 0.008X_2 + 0.013X_3 - 0.045X_4 - 0.019X_5 - 0.083X_6 - 0.647X_7 + 0.585X_8 - 0.019X_9 - 0.34X_{10} + 0.4X_{11}$
因子贡献 系数	$F_{泥石流} = 0.02X_2 - 0.06X_3 + 0.11X_4 + 0.13X_5 - 0.05X_6 - 0.03X_7 + 0.04X_8 + 0.15X_9 - 0.07X_{10} + 0.1X_{11}$

4.2　四　川　省

四川省是长江流域各类山洪灾害的高发区，泥石流灾害尤其突出。本节以四川省为例，分析各类山洪灾害（链）与主要潜在影响因素的相关性，构建分析模型，并探讨其背后的驱动机制。

4.2.1　数据方法

1. 数据来源

四川省小流域边界和山洪历史灾害资料主要来自《全国山洪灾害防治规划》四川省山洪灾害调查数据，该数据资料年限截至 2002 年；针对汶川震区的情况，岷江流域灾害点做了部分更新，数据来源为"全国山洪灾害防治县级非工程措施"项目调查数据，资料年限截至 2010 年；部分县域、小流域单元数据由系统科学数据共享平台提供；长江上游 154 个站点年平均雨量和暴雨数据来自中国气象局数据库；使用的 DEM 是修正以后的 SRTM 90 m；土地利用数据截至 2000 年，来自中国科学院资源环境科学数据中心；岩性数据来自中国地质调查局发布的中国 1:250 万数字地图空间数据库；基础土壤数据来自中国科学院南京土壤研究所发布的中国 1:100 万土壤数据库；社会经济类指标主要来自 2012 年的《四川统计年鉴》和《全国山洪灾害防治规划》四川省山洪灾害调查数据。

2. 研究思路和方法

为尽可能详细刻画不同类型山洪灾害的空间分布特征，以四川省 2 470 个独立小流域作为基本单元进行灾害点和各要素属性值的统计，但后来发现灾害点大多分布在小流域的边缘，在范围上不易界定，也不能和流域内的要素属性值产生较好的关联，所以基于"灾害点邻近区域也易发生灾害"这一假设，采用空间插值的方法刻画区域山洪灾害历史灾情。具体步骤如下：①首先依据各灾害点所记录的山洪过程规模和频次，对各灾害点计算"综合灾度"，然后对其做归一化处理，使数值区间在[0,1]；②参考已有文献（刘希林和苏鹏程，2004），对未标注灾害点的区域进行选择性增补，增补点的综合灾度为 0，以满足插值对数据点数量分布的要求；③对数据点进行克里金空间插值，以结果的均方根误差较小为宜，分别生成溪河洪水、泥石流和滑坡的历史灾情（即综合灾度）分布图。之后，利用 ArcGIS 的 Zonal Statistic 功能提取各类型山洪灾害综合灾度及影响要素小流域单元的平均属性值，再将数据导入 SPSS，以各类型山洪灾害的综合灾度为因变量，相应的降雨、土壤、地形、岩性、土地利用及社会经济因子作为自变量，构建逐步回归模型，即可得到各因子对于特定类型灾害的影响方式及贡献度。

各影响要素小流域单元平均值获取方法如下。

（1）降雨大类（R）：本大类收集了多年年平均雨量（A_1）、6 h 最大暴雨量（A_2）、12 h 最大暴雨量（A_3）和 24 h 最大暴雨量（A_4）四项指标，由于指标较多，采用降维的思路，应用主成分分析法提取了一个主成分，将原本四项指标合并为一项，即降雨大类（R），然后应用克里金插值，得到四川省面降雨栅格图，再经 ArcGIS 提取得到小流域平均值。

（2）地形起伏度（S）：反映地表形态的起伏高低情况，数值越大表示区域起伏度越大。地形起伏度栅格图由 DEM 原始数据导入 ArcGIS 中的 Neighborhood Statistic 命令计算最大值和最小值并相减求得，出栅格图后经 ArcGIS 提取得到小流域平均值。

（3）河网密度（H）：反映流域地貌发育程度，河网密度越大，地表切割破碎程度越高。河网密度利用 ArcGIS 的 Hydrology 功能模块提取四川省流域河网，然后计算各流域单元内河网长度并除以相应的流域面积。

（4）土壤入渗力（SO）：不同机械组成的土壤，其透水能力不同，表现出的产汇流能力也不同，本指标反映土壤入渗能力，数值越大，土壤黏粒和有机质含量越高，水流越不易于下渗；数值越小，土壤砂粒含量越高、有机质含量越少，流水越易入渗，即数值越大，入渗能力越弱，越容易产流发生灾害。本指标数值根据不同土壤类型的颗粒组成及有机质含量打分，综合加权后归一化得到。

（5）土地利用产汇流能力（LA）：多项研究表明植被对产汇流具有显著的抑制作用，本指标反映植被（实际为土地利用状况）对流域产汇流的影响，具体评估依据各流域的土地利用状况，采用专家打分法对不同的土地利用类型打分，打分越高，表示植被覆盖越好，越不易产汇流。

（6）岩性可蚀性（L）：岩性的可侵蚀性在一定程度上反映了地表岩层的破碎风化程度和节理发育情况，对地表产汇流及松散堆积物的分布都有一定影响。由于目前国内对岩性与土壤侵蚀关系的研究很少，且多停留在定性描述，本节采用文献（杜俊 等，2010）中的专家打分法对四川省分布的主要成土母岩易蚀性进行赋值。打分时先确定岩性，然后确定结构产状，再依杜俊等（2010）的论文中"表 1"打出分数，最后在 GIS 中完成栅格化。

（7）人口资产综合指标（P）：作为易损性指标，本项指标涉及多个要素，考虑到现有资料的收集情况，最终选取小流域受威胁人口密度和受威胁道路密度作为基本生命财产要素，基于"人贵于财"的价值理念，按人口 70%、道路 30%加权后得到综合指标。

受威胁人口密度计算，首先通过查阅 2012 年的《四川统计年鉴》，获得各地市农业人口数据，再从《全国山洪灾害防治规划》四川省山洪灾害调查数据中取得各地市范围内的自然村数量，即可得到各地市的平均单村人口；城镇人口密度可由各地市城镇人口除以相应的建成区面积粗略得到。此后根据 DEM 经 ArcGIS 的 Hydrology 模块得到四川省河网分布栅格图，从中提取出 10～100 km² 的水系，使用 Buffer 功能，向水系两侧各 1 km 向外延伸设置缓冲区，统计计算区内自然村个数及城镇面积，结合前述的单村人口及城镇人口密度，即可得到各缓冲区的人口密度。

受威胁道路计算，由《全国山洪灾害防治规划》四川省山洪灾害调查数据中得到四川省省级以上公路及铁路分布 shp 图，统计各河网缓冲区内的公路及铁路长度，依据每公里一般造价估算总资产，再除以相应的面积获得密度数据，经归一化后即可得到相应的受威胁道路（资产）密度栅格图。

4.2.2　四川省不同类型山洪灾害分布格局

依据前述计算方法，得到四川省溪河洪水、（由山洪引发的）泥石流和滑坡的历史灾情分布状况，其中数值越大，表示综合灾度越高，历史灾情越严重。结合四川省地形图，可知四川省山洪灾害主要分布在盆周山区、川西高原及横断山脉一带，其中溪河洪水的重灾区是盆地北东缘的龙门山、秦巴山地、川东平行谷岭，以及南部的鲁南山、大凉山、小凉山、大相岭、小相岭等；泥石流灾害主要分布在盆地西缘的龙门山、邛崃山及其相连的广大川西高原、西南山地（锦屏山、大凉山、小凉山、小相岭等），以及临近西部省界的横断山脉；滑坡灾害以盆地边缘的茶坪山、邛崃山、秦巴山地及西南山地居多。作为其他两类衍生灾种的先导，溪河洪水灾害的分布范围最广，地势起伏较小的川中丘陵区也有分布；泥石流灾害在四川省中西部也有大片分布，但重灾区相对分散；滑坡灾害的分布范围最小。成图结果与一些经典文献的结果较为一致（刘丽 等，2003；韦方强 等，2000），同时在进行了必要的专家咨询以后，认为其可以反映当前四川省山洪灾害的总体分布格局。

4.2.3　概念模型的构建

从一般建立经验模型的角度出发，可以将山洪灾害程度作为被解释变量，预期影响因素作为解释变量，构建回归模型。这样做的优点在于形式简单、操作便利，方便快速明晰哪些影响要素与山洪灾害有显著的相关性，且知道相应因子的作用方向，但其主要缺陷在于：山洪灾害与各影响因素并非单纯的线性关系，也不是简单的叠加关系，一般回归模型的通用性有余，却不能反映一些基本的成灾机制。据此，本节期望构建一种新的概念模型，一方面能够体现山洪灾害基本成灾因素和作用机制，同时也能兼顾不同灾种的一些特别因素的影响。

所谓山洪灾害，首先是发生在山丘区的灾害，较大的地势起伏是引发山洪的前提，平原低丘地区发生的洪水不叫山洪，此为成灾基本要素之一；同理降雨，特别是暴雨（本节暂不考虑山区融雪引发的洪水）也是山洪灾害的基本要素；发生了山洪过程，如果没有人员财产损失，则不构成灾害，所以较大的地势起伏、暴雨及人员财产是构成山洪灾害的三项基本要素，且这三项要素，并非线性叠加关系，而是逻辑上"并"的关系，即数学上表现为乘积的形式，只有三项要素同时达到较高水平，才有可能成灾。

其他一些影响因素，如松散堆积物状况之于泥石流灾害也是先决条件，但作为综合山洪灾害模型，不适宜把这类单一灾种因子作为基本影响要素对待。其他一些因素，如土壤、植被覆盖、土地利用、岩性、地貌发育程度、构造运动、抗灾能力等，都与山洪灾害有直接或间接的关联，但它们大多只会对灾害发生的早晚、规模起到一定的控制作用，并不是关键性因子，因此可以近似认为它们与山洪灾害是线性叠加的关系。至此，结合本节所采集的指标，山洪灾害与影响因素的关系可写作如下形式：

$$D=a \cdot R^{k_1} \cdot S^{k_2} \cdot P^{k_3} + b \cdot SO + c \cdot LA + d \cdot H + e \cdot L \quad (R^{k_1} \cdot S^{k_2} \cdot P^{k_3} > x) \tag{4-1}$$

$$D=a \cdot R^{k_1} \cdot S^{k_2} \cdot P^{k_3} \quad (R^{k_1} \cdot S^{k_2} \cdot P^{k_3} \leqslant x) \tag{4-2}$$

式中：D 为综合灾度，反映山洪灾害的发生程度；R, S, P 分别为降雨大类、地形起伏度及人口资产综合指标；SO, LA, H, L 分别为土壤入渗力、土地利用产汇流能力、河网密度和岩性可蚀性等一般影响要素的属性指标；a, b, c, d, e 为各指标相应的系数；k_1, k_2, k_3 为三项基本要素的指数，反映这三项指标之于山洪灾害作用的相对强弱；x 为判断阈值，对应 $R^{k_1} \cdot S^{k_2} \cdot P^{k_3}$ 图层的某一数值，可根据应用需要自行设定，其意义在于：如果三项其本要素有明显短板，达不到成灾条件，则无须考虑一般因素的线性叠加作用，如模型各系数确定以后，对于给定区域，首先进行 $R^{k_1} \cdot S^{k_2} \cdot P^{k_3}$ 计算，遂可将 x 设为明显无灾子区（如无山洪灾害记录的上海市）的 $R^{k_1} \cdot S^{k_2} \cdot P^{k_3}$ 值，低于或等于该值的地区被认为达不到成灾条件，在综合灾度计算时无须考虑其他一般因素。

4.2.4　四川省山洪灾害与主要因子的定量关系

根据前述模型，采用分段建模的方式研究山洪灾害与各影响因子的定量关系。首先以降雨大类（R）、地形起伏度（S）和人口资产综合指标（P）为自变量，三类山洪灾害的综合灾度为因变量，分别构建逐步回归模型。由于各自变量间是乘积关系，可通过取对数的方式转化为线性模型，经过方差分析确认各回归方程整体通过显著性检验，回归结果见表 4-11。依据各因子的标准化回归系数，三类基本因子中，降雨和地形对四川省山洪灾害（分布，下同）的影响更大。易损性作为一项被动因子，所处地位较低，可能与社会经济系统本身的复杂性有关，威胁区人口密度越大、资产暴露量越多，生命财产基数当然越大，但抗灾能力也可能更强，面对特定规模山洪，造成的损失并不一定比人口资产规模较小的地区更大。

表 4-11　不同山洪灾害与三项基本影响要素的回归关系

因变量	R^2	自变量	样本个数	标准化系数	t 值	P 值
溪河洪水	0.253	R	2 470	0.514	24.029	0.000
		S		0.246	11.286	0.000
		P		0.112	5.897	0.000
泥石流	0.290	S	2 470	0.625	31.338	0.000
		R		0.124	4.301	0.000
		P		0.101	4.540	0.000
滑坡	0.122	R	2 467	0.397	17.082	0.000
		S		0.280	12.822	0.000
		P		0.155	7.247	0.000

不同类型灾害,三项基本因子的贡献也不尽相同。溪河洪水与滑坡灾害的影响因子排序相同,但依标准化回归系数所体现的贡献度,溪河洪水灾害受降雨的影响较第二位地形起伏度要大得多,如果三项因子可以解释溪河洪水灾害 100%变化,降雨大类和地形起伏度对溪洪灾害的影响可以达到 59%和 28%,而相应指标对滑坡灾害的影响为 48%和 34%。泥石流灾害与其他两类灾害明显不同,地形起伏度以绝对优势占据第一影响因子,降雨的作用和易损性指标相近,这反映了当前四川省泥石流灾害的特殊性:仅有暴雨是不够的(并不构成瓶颈),下垫面条件是促成灾害形成的关键。

在明确了三项基本因子在不同类型山洪灾害回归方程中的作用以后,计算各类型山洪灾害的 $R^{k_1'} \cdot S^{k_2'} \cdot P^{k_3'}$(下文称 RSP)数值,其中 k_1', k_2', k_3' 分别为各因子在相应回归方程中的标准化回归系数。得到 RSP 以后,将其作为自变量,代入以土壤入渗力(SO)、土地利用产汇流能力(LA)、河网密度(H)、岩性可蚀性(L)为自变量,相应山洪灾害综合灾度为因变量的逐步回归方程,得到各影响因子对三类山洪灾害的贡献(表 4-12)。

表 4-12　不同山洪灾害与综合影响因素的回归关系

因变量	R^2	自变量	样本个数	标准化系数	t 值	P 值
溪河洪水	0.302	RSP	2 470	0.376	20.104	0.000
		SO		0.271	14.620	0.000
泥石流	0.316	RSP	2 470	0.543	30.113	0.000
		L		0.115	5.947	0.000
		LA		0.092	4.533	0.000
滑坡	0.184	RSP	2 467	0.203	19.482	0.000
		SO		0.107	7.948	0.000
		H		0.071	4.029	0.000

由于是线性方程,各因子的贡献严格来说并不十分准确,但不影响定性理解它们与三类山洪灾害的关系,RSP 无一例外地成为各个类型灾害的第一影响因子,一般因子的作用也开始显现:对于溪河洪水与滑坡灾害,土壤指标(SO)是仅次于基本因子的重要因子;而岩性可蚀性指标(L)对泥石流灾害分布有较明显的控制作用。总体上,泥石流灾害与其他两类灾害在影响要素上有很大的不同,前者对地形、岩性、土地利用等下垫面因子的依赖更高,而溪河洪水和滑坡灾害受降雨要素的影响更大。

4.3　香　溪　河

前文主要探究了大、中空间尺度下各类山洪灾害与主要潜在影响因素之间的统计学关系。本节以三峡库区香溪河流域的溪洪-滑坡灾害为例,进一步辨析小规模流域尺度下山洪灾害的空间分布与主要自然因子之间的定量关系。

三峡库区是我国典型的生态环境脆弱区，2003 年三峡水库蓄水以来，库区滑坡问题愈发突出，大量典型案例的调查、观测和试验表明，水库水位的周期性升降会改变滑体静/动水压力、降低岩土体抗剪强度，进而促进滑体变形、滑带贯通及最终的累积释放。然而防汛部门的资料显示，早在三峡水库蓄水以前，库区滑坡即已十分发育，是库区广义山洪灾害（即溪河洪水及由此引发的滑坡、泥石流等）的主要表现形式。显然水库蓄水只是外因，库区特有的自然地理和地质条件才是滑坡发育的实质，因此只有弄清当地滑坡发育格局与具体根植性要素的关系，才可能从根本上认知区域滑坡宏观发育机制和开展更有针对性的防治工作。

以往研究对于这一问题已有一定积累，陈剑等（2005）指出库区滑坡历史上主要与新构造期以来的快速抬升和间冰期极大降水有关，因此许多大型滑坡在长江干流和主要支流深切方向上沿程分布；白世彪等（2005）基于 GIS 技术和频率统计，对三峡水库 175m 回水影响区的滑坡分布进行了统计，总结了滑坡分布与岩性岩组、高程、坡度、坡向、曲率等的敏感性特征；乔建平等（2006）使用本底因子贡献率法统计了地层、坡度、坡形、高差和坡向对三峡库区云阳-巫山段滑坡分布的敏感性特征，并认为高差、坡度和地层的危险度权重更高；Wang 和 Niu（2009）应用中巴地球资源卫星遥感影像，采集植被覆盖、坡体结构、水库水位、高程、工程岩组等 20 个指标信息，基于决策数方法对秭归县郭家坝镇的滑坡分布进行了高精度预报；李雪等（2016）分析了三峡库首区滑坡分布与 12 项地形因子的相关性，认为高程、坡向、高程变异系数与滑坡的相关性较高；张俊等（2016）总结了万州区滑坡发育主要因子为地层岩性、地质构造、水系分布、坡度、坡向、坡体结构及土地利用。

综观这些工作，大部分学者都十分重视统计滑坡发生频率对地质、地形类因子的敏感性特征，而对各类因子之于滑坡分布的相对重要性缺乏兴趣，更不会探究因子之间可能存在的交互影响；在因子选用方面也存在一定重复。此外，防汛部门所关注的溪洪-滑坡，主要指由于山区溪河洪水冲蚀坡岸所引发的各类急性或慢性滑坡，其收集的历史灾害信息可能与流域水文属性具有更好的响应，这在以往研究中也较少关注。

空间序列分析可以探究地形、土壤等短时间尺度内不随时间变化因子对地理现象的影响，是因地制宜地开展目标对象关键控制因子研究的基本方法论。另外，地理探测器模型（GeoDetector）是一种探测空间分异性并揭示其背后驱动力的一组统计学方法，它不仅可以分析各自变量对因变量的影响程度，还可以探测自变量间交互作用于因变量的影响。据此，本节尝试以三峡库区香溪河流域的溪洪-滑坡灾害为研究对象，结合经典统计和 GeoDetector 方法，系统分析研究对象的空间分异特征及其与主要自然因子的关系，以期探明以该流域为代表的库区东部川鄂褶皱山地溪洪-滑坡灾害空间分布的关键控制因子。

4.3.1 研究区与数据方法

1. 流域概况

香溪河位于长江上游三峡库区左岸，发源于神农架南麓，由北向南流经湖北省兴山县和秭归县，于香溪镇入注长江，干流全长约 94 km，流域面积 3 193 km²，是长江上游一级支流中距离三峡大坝坝首最近的中尺度河流。受亚热带大陆性季风气候影响，本区四季分明，降水充沛，年均雨量 1 000 mm 以上，北部较南部稍高；流域地貌属鄂西褶皱山地，为大巴山和巫山的余脉，地形以中低山地为主，山势陡峻、河谷深切；流域植被曾于 20 世纪 80 年代遭到严重破坏，1989 年起经过一系列水土保持项目治理后得到明显改善，现森林覆盖率达 56%。

　　流域涉及的主要构造形迹为近南北向展布的黄陵背斜和秭归向斜，其中黄陵背斜一直处于上升趋势，每年上升 2～4 mm；区内断裂活动总体不显著；出露岩层以碳酸盐岩和砂岩、泥岩为主（图 4-10），主要包括中三叠统嘉陵江组上段厚层白云质灰岩、嘉陵江组中段中–厚层灰岩、嘉陵江组下段薄层灰岩，上侏罗统遂宁组砖红色泥岩与砂岩互层，上侏罗统沙溪庙组红色泥岩和石英岩等。

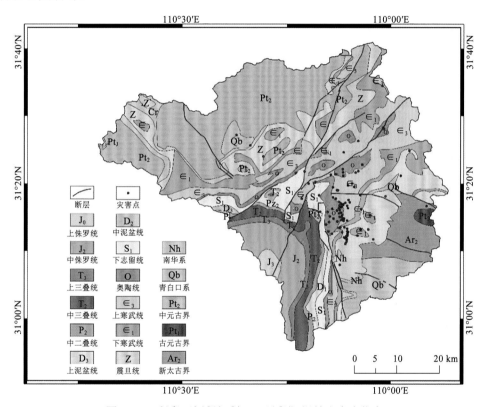

图 4-10　香溪河流域地质概况及溪洪–滑坡灾害点信息

2. 数据来源

　　本节着眼于目标流域溪洪–滑坡灾害与主要自然因子的关系，因此在资料选取上力图排除 2002 年之后水库蓄水的影响，涉及的主要数据和来源见表 4-13。

表 4-13　基础数据与来源

序号	数据	来源
1	历史灾害点（截至 2002 年）	《全国山洪灾害防治规划》中重庆市、湖北省调查数据
2	降雨 1971～2002 年	流域内红花、九冲、南阳河、水果园、青山、峡口等 10 处雨量站月降雨资料，长江委水文年鉴
3	土地利用（2000 年）	中国科学院资源环境科学数据中心的全国土地利用图

序号	数据	来源
4	土壤属性	中国科学院南京土壤研究所的中国 1:100 万土壤数据库
5	DEM	修正的 SRTM 90 m
6	地层岩性等	国家地质资料数据中心的中国 1:100 万地质图
8	NDVI（2000~2002 年）	地理空间数据云的 MODND1M.500 m NDVI 月合成产品

3. 指标体系建立与出图计算

一般认为，溪河洪水的形成与强降水、大起伏地形、植被生长、土壤属性、流域形状等自然要素密切相关，但对于由溪洪引发的（及一般的）滑坡、泥石流，岩性、断层（裂）、松散物质分布等地质要素的作用也非常重要，基于学界对山洪、滑坡成因的基本认知，结合资料收集情况，选取暴雨、土壤、岩性、断层、历史灾害等指标作为分析基础构建指标体系（图 4-11），各指标具体计算方法如下。

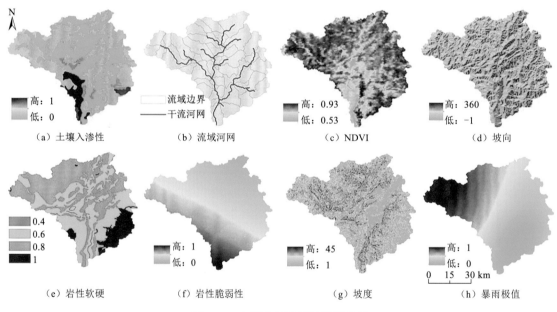

图 4-11　主要自然因子过程栅格图

（1）暴雨：平均年暴雨极值（A_1）与变异系数 C_V（A_2）。多年平均暴雨极值反映区域暴雨的绝对能量，暴雨极值的变异系数反映其不确定性，与溪洪、滑坡灾害均存在理论上的联系。统计收集的 10 个站点 1971~2002 年的多年平均年暴雨极值和 C_V 值，在 GIS 中进行反距离权重（inverse distance weighted，IDW）插值，以结果的均方根误差（root mean square error，RMSE）最小为宜，得到流域面上的 A_1 和 A_2。

（2）一般下垫面：土地利用产汇流能力（A_3）、土壤入渗性（A_4）与 NDVI（A_5）。地表综合产汇流能力不仅与溪洪、滑坡发育有直接关联，也不同程度影响着地下水分布及孔隙水压力。研究表明黏粒占比较少、有机质含量较高的土壤类型，或土地利用中林草覆盖较多的类型，下垫面入渗性能较好,不易产流形成洪水,但理论上有增加滑坡体重力势能的可能,遂基于目前学界已有的共识,对相关指标进行单向打分;NDVI 直接采用 2000～2002 年 4～9 月研究区 NDVI 进行算术平均得到。

(3)地形:坡度(A_6)与坡向(A_7)。依据文献白世彪等(2005)、乔建平等(2006)对库区敏感性坡度的总结,应用 GIS 中的 Slope 和 Raster Calculator 工具提取流域 10°～45° 的坡度,其余坡度赋予低值;坡向由 GIS 中 aspect 工具对 DEM 处理后,再对方向分级得到。

(4)地质:岩性脆弱性(A_8)、岩性软硬程度(A_9)与断层缓冲区(A_{10})。地层岩性是滑坡发育的重要考量因素,结合岩性类别、表面破碎程度、产状水平和完整性,使用专家打分法得到岩性脆弱性指标(表 4-14)。此外,依据岩性软硬分级,得到软硬程度指标;汶川震区的研究表明(黄润秋和李为乐,2009),大部分大型滑坡点分布在距离断层 5 km 范围内,库区断层活跃程度较弱,故缓冲区依距离断层 0.5 km、1 km、2 km、3 km、10 km、30 km 设置。

表 4-14 香溪河岩性脆弱性赋值表

脆弱性	第四系 松散堆积	新近系 沉积岩	中生界 沉积岩	古生界 沉积岩	中、古生界 浅变质岩	元古宇 变质岩	岩浆岩	碳酸盐岩
非常强烈破碎	—	12	11	10	9	8	7	7
强烈破碎	—	11	10	9	8	7	6	6
较强烈破碎	—	10	9	8	7	6	5	5
中等破碎	—	9	8	7	6	5	4	4
产状倾斜较完整	—	8	7	6	5	4	3	3
产状水平较完整	—	6	5	4	3	2	1	1
完整	15	—	—	—	—	—	0.5	0.5

(5)小流域水文属性:小流域面积(A_{11})、河网密度(A_{12})、主沟坡降(A_{13})和形状系数(A_{14})。发育溪洪的小流域一般面积较小,基于 DEM,利用 GIS 的水文分析工具,得到香溪河流域 43 个面积在 $6.5～183.6\ km^2$ 的小流域,并利用 GIS 的地统计分析功能分别提取这些小流域大于 $2\ km^2$ 的河网密度、主沟坡降和形状系数。

(6)历史灾害:历史溪洪–滑坡灾害的综合灾度(D)。依据 4.2.1 小节中所描述的方法,使用空间插值对收集到的流域内 109 个历史灾害点进行补点插值,最后使用 IDW 插值得到表征香溪河流域溪洪–滑坡灾害潜在易发程度的综合灾度图。

4. 数学方法

1)逐步回归

作为回归分析中的一项经典统计分析方法,逐步回归允许模型中的自变量依据回归过程中的统计显著性,在多元线性模型中被逐个添加和剔除。该方法从包含所有候选自变量子集的初始模型开始,如果所添加变量的 p 值小于进入模型的门槛(阈值),则候选变量将逐步添加到模型中;如果模型中任何变量的 p 值大于剔出模型的门槛(阈值),则在另一次迭代之前删除 p 值最大的变量。当模型的拟合优度无法得到更进一步改善,或是达到指定的最大步数时,过程终止。逐步回归的优点是可以选择最优的自变量组合来预测因变量,而不受大量自变量之间相互关联的影响。

本小节使用 GIS 提取的香溪河 43 个小流域的综合灾度(D)和除坡向(A_7)的 13 项影响因子的平均值,以前者为因变量、后者为自变量构筑逐步回归模型,分析主要自然因子对溪洪−滑坡灾害的影响。

2)地理探测器模型

地理探测器模型(GeoDetector)是围绕地理现象的分层(类)异质性或空间分异性研发的一种统计学方法,它基于"两变量空间分布越相似则关联性越大"的假设,通过对因变量的再分类,计算因变量类内方差与类间方差的关系,以此分析自变量对因变量的影响程度,其基本公式为

$$q = 1 - \frac{\sum\limits_{h=1}^{L} N_h \sigma_h^2}{N \sigma^2} \tag{4-3}$$

式中:q 为解释度,值域为[0,1],其值越大,自变量对因变量的影响程度越大;$h=1,2,\cdots,L$,为依据自变量值域设置的分类,本节为尽可能保留各自变量的信息细节,以原自变量数值归一化后扩大 100 倍再取整的方式进行分类;N_h 和 N 分别为类 h 和全区的单元数;σ_h^2 和 σ^2 分别为类 h 和全区的因变量方差。

除了上述基本的因子探测功能外,GeoDetector 还具有生态探测和交互作用探测功能,前者主要使用 F 检验判断两自变量对因变量的影响是否存在显著差异;后者的原理为比较两自变量在 GIS 中叠加后生成的 q 值与相应独立自变量 q 值的关系,主要的交互作用方式有如下几种。

$$q(A \cap B) < \min[q(A), q(B)], \qquad \text{非线性减弱}$$
$$\min[q(A), q(B)] < q(A \cap B) < \max[q(A), q(B)], \qquad \text{单因子非线性减弱}$$
$$q(A \cap B) > \max[q(A), q(B)], \qquad \text{双因子增强}$$
$$q(A \cap B) = q(A) + q(B), \qquad \text{独立}$$
$$q(A \cap B) > q(A) + q(B), \qquad \text{非线性增强}$$

由于本小节自变量拟分类数较多,仅提取 43 个小流域的数值建立关联可能导致失真,这里除去反映小流域统计属性的 $A_{11} \sim A_{14}$,对余下的 11 项变量的栅格图统一采样精度(100 m)并转化为点矢量图,每张栅格图得到 3 123 个矢量点,将自变量矢量点值分类后与因变量矢量点值联立,采用因子和交互作用探测功能分析各自然因子对综合灾度的影响。

4.3.2 香溪河流域溪洪−滑坡综合灾度分布格局

依据前节所述方法,经自然断点法分类后,得到香溪河流域溪洪−滑坡综合灾度分布图(图 4-12),综合灾度是从宏观格局上对区域潜在灾害易发程度的综合反映,并不是实际发灾情况,因此不会具体到坡岸尺度。依据综合灾度分布,香溪河流域的溪洪−滑坡灾害高易发区主要分布在兴山以下的流域西南部,东部和西北也有少量分布;北部上游的大起伏山地反而发灾较少,可能与该区人口密度不高、植被覆盖较好有关。

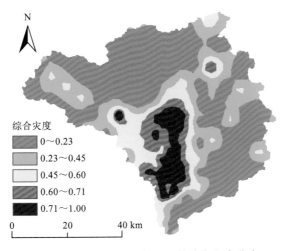

图 4-12 香溪河流域溪洪–滑坡综合灾度分布

4.3.3 综合灾度分布与主要自然因子的定量关系

通过逐步回归和 GeoDetector 分析，认为下垫面条件，特别是地层岩性与植被发育，是控制香溪河流域溪洪–滑坡综合灾度空间分异的主要方面，降水和土壤因素的影响有限，小流域水文属性要素的作用不明显。

逐步回归结果显示进入模型的 5 项因子可以解释因变量 80.6%的变化，依据标准化回归系数（表 4-15），各因子的贡献率依次为岩性脆弱性（A_8）28.6%，断层缓冲区（A_{10}）19.8%，NDVI（A_5）18.9%，暴雨极值（A_1）16.4%，以及岩性软硬程度（A_9）16.3%，岩层多倾斜、破碎，岩性较软弱，距离断层较近，植被覆盖少的地区，发灾潜力更大。

表 4-15 逐步回归结果

自变量	标准化回归系数	t 值	P 值	df	R^2	F
A_8	0.480	3.824	0.000			
A_{10}	−0.333	−4.611	0.000			
A_5	−0.318	−3.822	0.000	42	0.806	35.863
A_1	0.275	2.201	0.034			
A_9	−0.274	−3.545	0.001			

GeoDetector 分析的结果与回归模型稍有不同（表 4-16）：依据各因子对因变量的解释度（q 值）排序，仅土壤入渗性（A_4）取代了暴雨极值（A_1）。岩性脆弱性（A_8）不仅在因子探测分析中具有最高的解释度，与其他 4 项因子还分别存在非线性增强的交互影响。实际上与地质环境关系密切的岩性脆弱性（A_8）、断层缓冲区（A_{10}）和岩性软硬程度（A_9）在两类模型中均有稳定的表现，体现了地质要素对区域滑坡分布具有绝对的控制力。王孔伟等（2015）认为正是侏罗系黄陵背斜的褶皱隆升，引起秭归向斜发生陆相扰曲沉积，导致沉积岩层产状严重倾斜，加上沉积物质来源不同，沉积相软硬互层，才有了当前香溪河中下游的滑坡集中区。此

外，NDVI（A_5）在两类模型的影响力仅次于地层岩性与断层类因子，且与岩性脆弱性（A_8）在交互作用下可以解释因变量 68.8%的变化，显示了其对控制滑坡的较大影响。

表 4-16　因子与交互作用探测结果（q 值）

自变量	A_8	A_9	A_4	A_{10}	A_5
A_8	0.245				
A_9	0.419	0.148			
A_4	0.418	0.273	0.163		
A_{10}	0.592	0.315	0.311	0.209	
A_5	0.688	0.294	0.299	0.387	0.183

注：表中仅列出通过显著性检验且 q 值大于 0.1 的变量

一些被认为是滑坡发育基本因子的指标，如降水、地形类指标在两类模型中的期望低于预期，一方面是因为空间分析本身的"瓶颈效应"，即区内某类指标的数值趋于均化，或早已满足因变量变化的要求，不构成发育瓶颈，则此类指标的作用就很难体现，如降水在香溪河乃至整个库区均有非常充分的供给，不是滑坡发育的瓶颈，因此相关指标的贡献较低；另一方面是地形对滑坡发育的影响需与其他因子配合，并不是充分条件，因此 GeoDetector 因子探测的 q 值较低（A_6，0.012；A_7，0.008），但交互探测显示，坡度与岩性脆弱性的交互作用强度达 62%，表明坡度对滑坡的影响须联合地质因素。考虑到此前也有案例反映坡度、坡向等指标对滑坡发育的影响并不大（赵良军　等，2017），本节认为单纯的坡度、坡向对流域滑坡格局的影响有限，它们的作用更多体现在协同方面。

4.3.4　两类统计方法的应用比较

GeoDetector 通过计算比较类别化的自变量对因变量的类内与类间方差，得出因变量与自变量间的关联大小或相似程度，以此判断自变量对因变量的影响程度，为定量分析非线性变量间的关联性提供了新的视角。本例中该模型探测了各单一因子对溪洪–滑坡综合灾度分布的影响，得到的各因子解释度大小和排序与回归结果相似，区别体现在土壤和暴雨因子的地位。通过直观比较，土壤入渗性较之暴雨极值，拥有与流域综合灾度更好的空间对应关系。此外，即便使用 GeoDetector 的矢量点数据进行回归，土壤入渗性的贡献仍然较低（表 4-17），GeoDetector 在处理全局性问题时对从属因子拥有更高的敏感性和显示度。

表 4-17　矢量点数据逐步回归结果

自变量	标准化回归系数	t 值	p 值	df	R^2	F
A_{10}	−0.416	−32.057	0.000			
A_8	0.404	30.175	0.000			
A_9	0.234	11.578	0.000	3 122	0.386	392.937
A_5	−0.158	−15.521	0.000			
A_4	−0.047	−3.567	0.000			

然而,正是由于 GeoDetector 对自变量的类别化处理,消除了自变量的数值属性,使其无法探知自变量对因变量的影响方向,进而判断这种影响是否存在假相关。此外,虽然"生态探测"功能可以对各自变量于因变量的影响格局进行判断,但这种分析只能通过两两比较进行,且结果仅能说明比较因子在影响格局上的相似性,而影响格局相似的因子并不一定是重复的。回归模型可以近似表达溪洪–滑坡综合灾度与自然因子的定量关系和作用方向,偏相关或逐步回归等方法也能从统计上剔除可能存在的假相关或重复性变量,与 GeoDetector 具有一定的互补性。

4.4 空间分析的尺度效应

4.4.1 研究背景与思路

通过 4.1~4.3 节对全流域、四川省和香溪河三个层次的分析研究,不难发现各个空间尺度山洪灾害的主要控制或影响因子存在不同程度的差异,如长江流域溪洪–滑坡灾害的主控因子是地形和植被因子;而四川省相应灾害的主要影响因子为降雨和土壤因子;香溪河流域则为地质和植被因子等。

这其中固然有指标选取、统计口径、计量方法和空间尺度方面不同的原因,但也与空间分析注重挖掘区域内的"瓶颈性"影响因子而非"机理性"影响因子有关,即现实中对目标现象有机理性影响的因子并不一定会影响到该现象的空间分布,而空间分析中明确有关联的因子则很可能是该现象的地域"根植性"因子。因此,空间分析中因对象的尺度或位置差异,而导致关联因子不同是很正常的。空间分析的意义在于它可以为因地制宜地开展工作提供依据。尽管如此,学者仍希望在空间分析中,来自指标、尺度、方法等方面的干扰尽量得小,这其中指标和方法的统一相对容易,而来自尺度的干扰则需要进一步探究。

利用要素间在地理上的对应关系来判断彼此的相关性,是空间分析中常用的方法论。然而,在不同的空间统计尺度下,各类要素所表现出的分布特征也不相同,而这种差异也会对它们之间的对应关系产生影响,即要素之间的空间对应关系可能存在尺度效应。以往研究对这一问题并未给予足够的重视,相近工作也多集中在单一地理现象的探讨,缺乏要素间空间关系随尺度变化的研究。

据此,本节尝试以山洪灾害频发的云南省为研究区域,利用 GIS 的水文分析模块,依据不同的汇流门槛形成多种小流域面积尺度,之后统计不同小流域尺度下土地利用、地形坡度等潜在影响因素的特征,以及作为第一手资料的历史山洪灾害事件发生频次,探究两者在不同统计尺度下的皮尔逊相关关系的变化规律。

4.4.2 相关指标与出图计算

国内外区域山洪灾害的危险分布特征常使用 FFPI 进行定量表达,故本节统一使用 FFPI 的相关指标进行尺度效应研究。由于 FFPI 本身不考虑降雨类指标,本节使用综合考虑雨量和雨强的降雨侵蚀力指标表征降雨对山洪发育的影响。各指标计算及出图方法如下。

1. 降雨侵蚀力

基于中国气象局提供的云南省及其周边 68 个雨量站点 1951～2002 年的逐月雨量数据：①首先使用 Wischmeier 的经验公式（4-4）分别计算得到各个站点的降雨侵蚀力数值；②在 ArcMap 中使用克里金插值，以均方根误差最小为宜，获得云南省的降雨侵蚀力分布图。

$$R = \sum_{i=1}^{12} \left[1.735 \times 10^{\left(1.5 \log \frac{P_i^2}{P} - 0.8188 \right)} \right] \tag{4-4}$$

2. 土壤与土地利用类指标制图

FFPI 依据不同类型土壤的机械组成，将其山洪发育潜势量化为 10 个梯度（表 4-18），本节基于文献调研和世界土壤属性数据库提供的云南省土壤质地数据，通过插值计算在 GIS 中生成矢量图，并参照 FFPI 的土壤分级标准进行打分。

表 4-18　土壤 FFPI 值打分依据

FFPI	砂粒（sand）含量/%	淤泥（silt）含量/%	黏粒（clay）含量/%
1	92	5	3
2	83	11	6
3	74	17	9
4	65	24	12
5	56	30	15
6	47	32	21
7	37	36	27
8	28	27	45
9	19	27	55
10	10	30	60

土地利用类型对产流也具有理论上的影响，一方面城镇和工矿用地由于地表普遍硬化，产流能力明显强于其他土地利用类型；另一方面不合理的开发活动可能导致地区植被覆盖减少和土壤侵蚀加剧，也会在一定程度上增加产流。FFPI 根据不同土地利用类型对产流的经验影响，给定了相应的量化梯度。本节基于相关标准，对云南省的土地利用类型进行赋值（表 4-19），并在 GIS 中生成矢量图。相关数据来自中国科学院资源环境科学数据中心。

表 4-19　基于土地利用类型的 FFPI 赋值

土地利用类型	FFPI 赋值	土地利用类型	FFPI 赋值
城镇或工业区	10	果园	6
裸岩	10	开阔林地	4
裸露地	9	林地	3
灌丛土地	7	湿地	2
旱田	6	沼泽	2

土地利用类型	FFPI 赋值	土地利用类型	FFPI 赋值
稻田	6	开阔水域	1
草原	5	多年生冰雪	1

3. 地形类指标制图

地形对山洪发育的影响是显著而直接的,大起伏山地不仅容易促生各种类型的地形雨(特别是山地夜雨,极易致灾),也可加速产流和汇流过程,甚至导致大规模的滑坡和崩塌,为泥石流暴发提供物源和流通场所。FFPI 依据等距间隔将坡度分为 10 档,其中 1 档坡度为 0~10%,10 档坡度为 90% 及以上。本节基于修正的 ASTER 30 m DEM,依此标准对云南省的坡度进行分档,并在 GIS 中生成矢量图。

4. 森林覆盖指标制图

森林植被基于冠层截留、地面枯枝落叶层蓄水和地下根系改善土壤结构等物理机制,对降雨–径流过程具有显著的拦蓄作用,虽然这种作用在连续的暴雨洪水过程中会被大幅度削弱,甚至可能由于植被涵养水源等原因导致产流增加,但从总体上看,森林植被对山洪形成具有普遍的抑制作用已成为学界共识。与坡度分档类似,FFPI 依据等距间隔将森林覆盖率分为 10 档,其中 1 档森林覆盖率在 91%~100%,10 档森林覆盖率为 0~10%。

本节使用地理空间数据云网站的 MODND1M.500m NDVI 月合成产品(2000~2002 年)生成中国云南省和老挝南乌河流域的森林覆盖率目标图层,在此基础上依据 FFPI 相关标准,对森林覆盖率进行分档和成图。

5. 流域形状及面积指标制图

流域形状和面积是重要的水文特征参数。使用流域形状系数 Ke,即流域实际周长与同面积圆的周长的比值,反映流域形状对水文特性的影响,当流域形状越接近扇形,Ke 数值越接近于 1,则流域所需汇流时间越短,越有利于山洪的形成。当小流域分布格局确定以后,流域形状系数 Ke 和面积可直接在 GIS 中用 Raster Calculator 工具计算得到。

4.4.3 结 果 分 析

理论上,土地利用、地形坡度等潜在影响因素对山洪发育均有十分重要的影响,但是对于某一具体的区域,这些要素能否成为影响地区山洪分布的关键,还在于它们能否构成整个系统的瓶颈。显然,在中国云南省,土地利用 FFPI 值和降雨侵蚀力并非整个山洪灾害发生系统的瓶颈,甚至它们与灾害事件的相关关系也与一般认知相左,即降雨侵蚀力或土地利用 FFPI 值越大,山洪灾害发生的频率反而越小(表 4-20),显然这种相关性并非它们与山洪的真实关系,但也表明在这一系统中,土地利用 FFPI 和降雨侵蚀力并不重要。类似的情况还有流域形状系数 Ke,通常来说,Ke 值越大,流域形状趋近狭长,产汇流能力越弱,但相关分析却显示在多数小流域尺度下,Ke 与灾害频次呈显著的正相关。

表 4-20　不同空间尺度下云南省历史山洪灾害频次与潜在影响因子的相关关系

FAT	AWA	Landuse	Slope	Soil	Vfc	Re	Area	Ke
5 000	61	−0.036	0.018	0.042	0.043	0.043	0.331	−0.028[*]
10 000	126	−0.065	0.042	0.048	0.061	−0.059	0.417	−0.021[*]
15 000	204	−0.095	0.067	0.058	0.085	−0.079	0.433	−0.017[*]
20 000	249	−0.118	0.067	0.044[*]	0.094	−0.084	0.442	0.024[*]
30 000	418	−0.123	0.089	0.066[*]	0.116	−0.102	0.564	0.133
40 000	555	−0.162	0.093	0.078[*]	0.129	−0.094	0.578	0.223
50 000	690	−0.175	0.088	0.048[*]	0.131	−0.119	0.570	0.246
60 000	854	−0.180	0.128	0.051[*]	0.131	−0.123	0.575	0.261

注：FAT 为 GIS 中的汇流计算门槛；AWA 为平均流域面积，km^2；Landuse 为土地利用 FFPI；Slope 为坡度 FFPI；Soil 为土壤 FFPI；Vfc 为森林覆盖 FFPI；Re 为降雨侵蚀力；Area 为流域面积，km^2；Ke 为流域形状系数；*指相关系数不具有统计显著性

在剔除了明显假相关的土地利用 FFPI、降雨侵蚀力和 Ke 后，将余下的坡度 FFPI、土壤 FFPI 和植被 FFPI，以及流域面积与历史灾害频次在不同统计尺度下的相关系数联立构建散点图（图 4-13），可知除土壤 FFPI 的相关系数存在明显的波动外，其他因素与灾害频次的相关性基本随统计尺度的增大而增大，其中流域面积的相关水平最高，但在 555 km^2 的平均面积尺度之后基本保持稳定；植被 FFPI 的相关性次之，且也存在相似的变化趋势；而坡度 FFPI 的相关性则在最大的统计尺度下达到最高值。

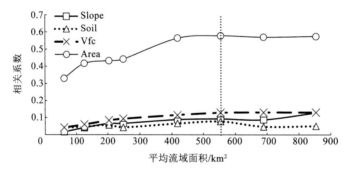

图 4-13　不同空间尺度下云南省历史山洪灾害频次与主要因子的散点图

一般来说，虽然山洪的洪流多来自流域的山地部分，但灾害主要是在人类活动相对密集的地势低洼地区发生，因此在较小的流域尺度内，地形起伏、植被覆盖等自然因素容易受到其他人为因素的干扰。此外，灾害事件的发生也存在一定的随机性或偶然性，较小的空间尺度会将这一效应放大，干扰潜在因子与灾害事件的相关性。随着流域空间尺度的增大，人为因素和随机干扰的影响减弱，山洪发育的流域特征背景越发突显。地形因子，如分水岭的存在直接参与了流域形态的塑造，是典型的流域特征因子；云南多高山，植被在流域内的垂直分布特性也十分显著，因此植被、地形类因子与灾害的相关性逐渐上升。而本节中土壤 FFPI 由于空间异质性较高，且因为数据采集精度问题，未体现出明显的流域地带性特征，在不同尺度下与山洪灾害的相关性表现得较为复杂。

　　综合来看，流域层面的空间尺度变化对于潜在要素与山洪灾害分布的空间关联大小有一定的影响，主要表现为随着统计尺度的增大，系统的人为因素和随机干扰减少，一些潜在影响要素，特别是其中的流域特征要素与目标现象的关联性逐渐增大并趋于稳定。因此，在进行空间分析时，在保证有效统计样本数量的基础上，适当提高流域统计的空间尺度，将有利于提高拟合优度。

基于要素分析的山洪灾害风险评估

在对长江流域山洪灾害的发育现状、防御背景及空间分异的主导因子有了较充分的了解之后，相关的风险评估工作得以推进。基于前文介绍，本书将山洪灾害的风险评估分为要素评估和过程评估两类，考虑到两类方法在基本思想和技术体系方面有较大的差异，具体内容将分两章展开。本章拟从全流域、汶川震区和云南省永善县域三个类型或层次（李绅东 等，2018；杜俊 等，2016，2015b），重点介绍基于成因要素分析的长江流域山洪灾害风险评估方法。

5.1　方　法　概　述

山洪灾害风险评估是对山洪发灾过程造成的损失期望进行评估。基于过程分析的风险评估可以给出不同时频洪水的波及范围，结合影响区内承灾体的属性信息，可以得到风险实值；而基于要素分析的风险评估则侧重于对区域内不同地块所承受的风险程度的刻画。不论是要素评估还是过程评估，所考量的基本框架均包括山洪过程的危险度，以及承灾体的易损性（或脆弱性）特征。此外，部分学者还将承灾体暴露量单列，本书统一将其归并至易损性的范畴。

依据前文介绍，基于成因要素分析的山洪灾害风险评估本质上是一种经验分析方法，指标体系建立及其赋权是其中的核心内容。指标体系构建立足于对区域山洪灾害基本影响因子和驱动机制的成熟认知，这些内容在之前的章节中已有较充分的展开，本节主要针对赋权方法做更进一步的介绍。

一般赋权方法可依基本的赋权依据，大体分为主观法、客观法和综合法三类。主观法依据赋权方自身的经验认知对各指标之于现象的影响程度进行决断；客观法则依据指标数据本身的变化特性来判断这些指标之于目标现象的潜在影响价值；综合法通常是主观法和客观法的集成应用，而使用外推思想，将已知因变量与自变量间的定量关系外推至相似目标以协助赋权，也可以视为一种综合赋权方法。下面根据这一分类体系，分别介绍其中的代表性方法。

5.1.1　主观赋权法

主观赋权法虽然存在一定的随意性与偶然性，但总体上方法简单、操作快捷、易于推广，是实践中应用场景最为丰富的赋权方法。主观法可以是对目标对象的直接打分，如表4-14中不同地层岩性的可侵蚀性内容即是由专家打分法直接得到，FFPI中对地形、植被、土地利用、土壤等指标的加权也属此类；也可以经过缜密的定量比较和逻辑判断得到最终权值等。主观赋权法最具代表性的方法是层次分析法（analytic hierarchy process，AHP）。

AHP是由美国运筹学家Saaty于20世纪70年代提出，1982年被介绍到我国的一种基于图论和线性代数理论的决策分析方法，它借由图论的概念建立问题的分析层次和基本逻辑，再运用线性代数的矩阵概念，计算出各个考察方案（指标）的权重以利决策。

AHP的优点是定性分析与定量分析相结合，有基本的客观性却又不失灵活，所以一经推出便在我国得到广泛运用。AHP的操作步骤可分为以下4个部分。

1）建立层次递阶结构

依据当事人自身对问题的认知，构建分析层次，一般分为目标层、准则层和方案层，当然这主要针对多选一问题。如果只是确定各个指标的权重,也可分成大类嵌套细类的层次,如气候大类层,下可嵌套暴雨、年均雨量等,总之这个因事而异。

2）成对比较及计算权重

成对比较主要是为了衡量两两指标间的相对重要程度,度量尺度一般采用 9 分法,划分标准见表 5-1。

表 5-1　AHP 程度赋值及意义

程度赋值	意义	程度赋值	意义
1	同等重要（equal importance）	7	很重要（very/strong importance）
3	稍重要（moderate importance）	9	极为重要（extreme importance）
5	重要（essential importance）	2，4，6，8	相关程度的中间值

依据这一尺度建立各层因子的两两比较重要度正互反（或正倒数）矩阵以后,通过求算判断矩阵最大特征根及其对应的特征向量,即可得到各层因子的权重排序,当然此排序是否成立,还需经过一致性检验。

3）一致性检验

当判断矩阵形式有所变化以后,其最大特征根也会相应变化。在 AHP 中,各层因子都要构建判断矩阵,如果特征向量随最大特征根改变引起各因子权重排序的变化（即前后逻辑不一致）,则这个权重的设定不能成立,所以要进行一致性检验。其流程是将一致性指数（consistence index）$\{CI=[Namda(max)-n]/(n-1)\}$ 除以随机一致性指数（random index,RI,可查表求得）,得到的一致性比例（consistence ratio,CR）,CR 小于 0.1,即通过检验,认为当判断矩阵发生改变以后,不会引起各因子权重排序的变化。

4）计算整体权重

通过一致性检验后,可利用加权原理处理各层因子得到最后的权重值。

5.1.2　客观赋权法

客观赋权法的基本思想是利用指标数据序列自身的特性来判定其权重大小,因此在指标选择上须确保它们和目标现象存在明确的物理作用机制。常用的客观赋权法有前文使用的主成分分析法、变异系数法、因子分析法、熵值法等。这里主要介绍在国内应用较普遍的熵值法。

熵值法又叫熵权法,是国内 20 世纪 90 年代兴起的一种基于信息熵理论（Shannon,1948）的客观定权方法。信息熵理论认为,信息的不确定性可以根据所要表达的事件出现的概率来判断。当事件相关的信息深受噪声干扰,没有明显的规律性特征,甚至前后矛盾、高度模糊,则事件发生的不确定性越大,有价值的信息量越少,信宿收到准确信息的难度越大,信息熵也就越大。举例来说,对于"一项联赛中 20 支球队谁能最终夺冠"这一事件,如果所有球队的水平基本一致,则每一支球队夺冠的概率相当,"谁能最终夺冠"的不确定性极大,相应的信息熵也就处于一个较高的水平;反之,如果各支球队的水平参差不齐、高度离散化,夺冠球队只可能在几个队伍之间产生,则事件的不确定性大幅下降,信息熵也会相应减小。

熵值法正是基于信息熵的这一特点,利用数据序列之间的离散或差异化属性来确定各个指标的权值,认为只有数据序列高度离散化的指标,所产生的信息熵较少,才可能是对事件发生真正起作用的信息,应当给予高权。

在熵值法中使用 e 表达具体指标的熵值:

$$e_j = -\frac{1}{\ln n}\sum_{i=1}^{n}P_{ij}\ln P_{ij} \tag{5-1}$$

$$P_{ij} = \frac{X_{ij}}{\sum_{i=1}^{n}X_{ij}} \tag{5-2}$$

式中:e_j 为第 j 个评价指标的熵值,$0 \leqslant e_j \leqslant 1$;$P_{ij}$ 为指标 j 的第 i 个指标值在整个数据序列中的占比;X_{ij} 为指标 j 的第 i 个指标值。之后利用下式计算差异性系数 g_j:

$$g_j = 1 - e_j \tag{5-3}$$

显然对于指标 j,数据序列的熵值越大,具体数值间的差异性越小,对目标现象的影响力也就越弱,相应的在权重分配上就会有所拆减,即指标 j 的权重系数 w_j 为

$$w_j = \frac{g_j}{\sum_{j=1}^{m}g_j} \tag{5-4}$$

5.1.3 综合赋权法

在赋权过程中将多种主、客观方法集成或联合使用,从而最大限度地利用各自方法的优势,即综合赋权法。如将 5.1.1 小节中提及的 AHP 和熵值法联合使用,分别求权再加以整合,可以得到简单直观的综合赋权结果。另外,外推法虽然一般严格依据榜样对象内各因子成熟的作用关系确定权值,但因为榜样对象的选择本身也需要充分考虑其与目标对象的相似性,因此仍具有一定的主观选择成分,这里将其一并列入综合赋权法的范畴。

找到榜样对象内各变量间成熟的经验关系是外推法实施的关键环节,相关分析、敏感性分析、灰色关联分析、各类回归分析、GeoDetector、信息量法等均是常用的外推分析手段,这些方法可以通过相关系数、回归系数或解释度等参数的计算,明确表达解释变量之于被解释变量的作用大小或方向。此外,人工神经网络、决策树、随机森林等机器学习方法也可以通过给定输入、输出关系的训练,自动建立分类或规则,然后直接由输入参数得到输出结果,是一种相对特殊的外推分析方法。本节重点介绍空间回归和随机森林两类代表性方法。

1. 空间回归分析

空间回归的理论基础是著名的地理学第一定律(Tobler,1970),即"事物总是普遍相关的,而距离相近的事物相关性更强"。根据这一表述,人们发展了"空间自相关"(spatial autocorrelation)统计分析方法,用于描述地理现象由于彼此间距离的邻近而产生的依赖或相关关系。在地统计学中已有多种指数用于描述全域或局域的空间(自)相关性,而国内使用较多的是全局莫兰 I 数(global Moran I),其基本原理是通过设置空间权重矩阵表达空间上某

一区域单元属性值与邻接或邻近单元的相似程度。全局莫兰 I 数一般用于检验单变量的空间自相关特性,当使用双变量分析时,即表示某一区域单元 A 属性与邻接或邻近单元 B 属性的相关程度。全局莫兰 I 数的公式为

$$I = \frac{n \sum_{i=1}^{n} \sum_{j=1}^{n} \boldsymbol{w}_{ij} (x_i - \overline{x})(x_j - \overline{x})}{\sum_{i=1}^{n} \sum_{j=1}^{n} \boldsymbol{w}_{ij} \sum_{i=1}^{n} (x_i - \overline{x})^2} \tag{5-5}$$

式中:I 为全局莫兰 I 数;n 为区域单元个数;x_i 和 x_j 分别为某属性在区域单元 i 和 j 的观测值;$\overline{x}$ 为观测值的均值;$\boldsymbol{w}_{ij}$ 为区域单元 i 和 j 间的空间权重矩阵。I 的取值范围是[−1, 1],小于 0 表示负相关,等于 0 表示不相关,大于 0 表示正相关,绝对值越大,相关性越大。

空间回归是考虑了变量的空间相关性的回归模型。经典线性回归模型［式(5-6)］由因变量 Y、常数项 a、自变量 X 及其系数 b,以及误差项 e 组成。在经典回归模型中,因变量 Y 仅受到自变量 X 的影响,误差项 e 之间是完全独立且服从正态分布的。然而,对于存在空间自相关属性的现象,使用经典回归模型可能导致拟合失败或拟合优度不足,这源于两种情况:一是因变量 Y 不仅受到自变量 X 的影响,还受到邻近的因变量 Y' 的影响,即因变量之间存在空间自相关性;二是虽然因变量本身的空间自相关性不明显,但因为某些原因,误差项 e 之间存在空间自相关性。对于第一种情况,可以采用空间滞后模型(spatial lag model,SLM)进行拟合［式(5-7)］,这一模型是在经典回归模型的基础上,加入因变量的空间权重矩阵项 ρwY;而对于第二种情况,则可采用空间误差模型(spatial error model,SEM)进行拟合［式(5-8)］,这一模型是在经典回归模型的基础上,加入了误差项的空间权重矩阵项 $\lambda w\varepsilon$。

$$Y = a + bX + e \tag{5-6}$$
$$Y = a + \rho wY + bX + e \tag{5-7}$$
$$Y = a + bX + \lambda w\varepsilon + e \tag{5-8}$$

空间权重矩阵 w 是空间自回归模拟中的一项重要概念,它是一组针对描述对象空间邻近关系构建的矩阵。例如,当每一个中心对象有 n 个邻近对象时,则每一个邻近对象给予该中心对象施加的影响权重为 $1/n$;当 $n=0$ 时,则表示该中心对象无须考虑空间自相关性。邻近关系有边接触、点/边接触和依距离设置统计门槛三种形式,其中的选择依据具体的应用实际而定。

2. 随机森林

随机森林是机器学习中的经典方法,其本质上是一种包含多个决策树结构的分类器,可以用于分类和回归,前者通过各个决策树的"投票"产生最终结果,后者则依据各个决策树结果的均数计算实现。随机森林方法可以看作是信息熵理论的应用延伸,当构建随机森林的基本结构单元——决策树时,即遵循快速减少系统熵值的基本原则。

对于一个给定的含有完整输入/输出参数的样本集合(训练集),决策树模型:①首先会依据不同输入类别和输出中的特征出现的概率,分别计算出不同输入类别和输出数据的信息熵集总值;②基于快速减少信息熵的原则,择取信息熵减少最多(信息增益率最大)的输入类别,作为根结点对数据样本依照该输入类别内的特征进行分类。如果特征内的样本对应的输出是纯净或单一的结果,则此特征下的样本集合作为叶子结点不再向下细分;反之,对于非叶子结

点内的样本数据,重复第①和②步骤,直至生成所有的叶子结点。由于样本不可避免地混有噪声数据,将样本完全细分至最终的叶子结点,往往会发生"过拟合"现象,在应用中影响真实结果的输出。因此,在实际建模中,一般会基于特定的原则,如设定信息增益率等方式,将决策树的分裂规模控制在较小的范围内。

而随机森林模型则是在构建决策树之前,对样本的数量和特征进行重采样,即每次只抽取总集中的部分数据作为样本构建决策树,这样依据样本采集的不同,可以得到众多的决策树,形成规模庞大的森林景观。由于每次只抽出总集中的部分数据,可以有效减少噪声数据的干扰,因此随机森林模型发生"过拟合"的概率大幅降低。在要素风险评估中,随机森林往往作为一个"黑箱模型",直接由输入的指标数据得到风险度高低的结果。

5.2 全流域大空间尺度评估

5.2.1 研究思路与方案比选

山洪灾害涉及的影响要素较多,开展大尺度山洪灾害风险评价工作,对于资料收集整理、模型确定、评估指标选取及权重设置都是很大的挑战。尽管目前人们对影响山洪灾害的单一自然、社会经济要素及一般作用机制都有一定程度的认知,基于经验判断确定的评估体系也可以得到相应的风险图,但所得结果基本无法得到有效验证。据此,基于"在分布格局上越逼近历史灾害资料的风险成果越可靠"这一假设,本节将历史灾害数据作为基础验证资料,以长江流域为例进行山洪灾害要素风险评估,比较不同模型(或指标组合及权重设定)所得风险图与历史灾害资料差异,进而确定适用于大尺度山洪灾害风险评估的优选方案。

正如第 1 章 1.2.6 小节所述,目前国内较有影响的区域自然灾害风险评估概念模型主要有两种类型:一种是基于史培军的自然灾害系统理论(1996 年)的三元模型,此模型将灾害系统分为致灾因子、孕灾环境和承灾体脆弱性(或易损性)三个方面加以考量;另一种是基于联合国人道主义事务部给出的风险定义(1992 年),认为自然灾害风险由自然过程危险性与承灾体易损性的乘积求得(以下简称一般模型)。从实际操作来看,两种模型的区别在于,三元模型将一般模型中反映自然过程危险性的外营力因子(如降雨等)和下垫面因子,分别作为致灾因子和孕灾环境因子单列,在叠加分析时将这两类因子图层进行乘积叠加[式(1-2)],而不是像一般模型那样做加权处理。

两种模型虽然理念、形式不同,但考虑的要素大同小异,危险性、易损性、孕灾环境等单列因子也是由具体的要素指标加权得到,而权重设置的依据主要来自学界共识或研究者自身的经验认知。一般地,暴雨作为诱发山洪的源动力,其相关指标不论在何种形式的模型中都享有较高的权重或地位。然而我国的降水分布是从东南向西北递减的,如果单纯给暴雨类指标赋予高权,可能会在大尺度分析中导致结果失真。对此,结合 4.2.3 节提出的概念模型构建思想,尝试对式(1-1)中"自然过程危险性(H)"的算法进行改进,原式中 H 的算法如式(5-9)所示,其值由各要素指标的加权求得;改进算法如式(5-10)所示,将原式中作用较突出的暴雨类指标(P)与地形类指标(S)相乘,再赋予高权与其他要素指标加权,改进后的算法期望在反映暴雨诱发山洪重要作用的同时，也能避免简单调整权重带来的结果失真或与一般常识的冲突。

$$H = a \cdot P + b \cdot S + c \cdot X_1 + d \cdot X_2 + \cdots \tag{5-9}$$

$$H = a \cdot P \cdot S + c \cdot X_1 + d \cdot X_2 + \cdots \tag{5-10}$$

式中：P 为暴雨类指标；S 为地形类指标；$X_1, X_2 \cdots$ 为其他指标；$a, b, c \cdots$ 为相应的权重系数。式（5-9）为一般模型，式（5-10）对一般模型做了改进，以下称为改进模型。

另外，基于山洪发灾基本要素的快速分析及简化计算的考量，将改进模型做进一步简化处理，剔除其他加权项，仅考虑暴雨和地形因子的乘积影响，得到式（5-11），称使用该算法计算 H 的模型为简化模型：

$$H = P \cdot S \tag{5-11}$$

基于以上 4 类模型，以及相同的要素指标和相似的权重设定，下文将分别构建长江流域山洪灾害风险评估体系，并通过所得结果与历史灾害资料的比较验证来获得优选方案。

5.2.2 数据来源与出图方法

1. 数据来源

历史灾害资料来自《全国山洪灾害防治规划》长江流域涉及的 19 个省（直辖市、自治区）山洪灾害调查数据，该套数据资料年限截至 2002 年，另根据"全国山洪灾害防治县级非工程措施"项目调查资料，对岷江和赣江流域灾害点数据进行更新，数据年限截至 2010 年；长江流域县域社会经济资料来自涉及的 19 个省（直辖市、自治区）的省、市级统计年鉴（2011 年）、统计公报（2010 年）及"六普"资料（《中国 2010 年人口普查分县资料》）；长江流域多年最大 10 min、1 h 和 6 h 多年暴雨极值年均雨量及相应的变异系数（C_V）纸质图层来自水利部水文局和南京水利科学研究院编制的《中国暴雨统计参数图集》；使用的 DEM 是修正以后的 SRTM 90 m；土地利用数据来自中国科学院资源环境科学数据中心；岩性基础资料来自中国地质调查局发布的 1:250 万中国数字地质图。

2. 方法应用及基础图层计算

本节涉及的数学及操作方法主要有 AHP（层次分析法）、主成分分析法和空间相关性分析及各类图层的制作，相关方法已在前节介绍，这里不再累述，本节重点介绍基础图层的出图计算方法。

促使山洪灾害发生发育的原因既有降雨、地形、构造运动、岩性、土地利用（植被）、土壤特性及松散堆积物状况等自然方面，也有人口、资产暴露量等社会经济方面，其中降雨，特别是暴雨作为诱发山洪的主要外营力，是最为重要的外部因子；地形条件是山洪形成的基础性下垫面因子；社会经济条件通常用于描述承灾体的易损性特征。依据已有调查资料和知识积累，选取以下指标作为风险分析的基本因子。

1）暴雨综合指标（CH_1）

将收集得到的长江流域最大 10 min、1 h 和 6 h 多年暴雨极值年均雨量纸质分布图进行数字化，具体做法是：①将各图层分别进行高分辨率扫描；②在 ArcMap 中对各扫描图层等值线进行描绘并赋值，得到相应的 shp 图层；③应用 ArcMap 的"feature to point"命令，分析得到各 shp 图层等值线的中心点图层；④对未涉及的等值线进行补点，补点赋值的依据为各等值线间的数值间隔，补点结果在空间分布上力求均匀；⑤对得到的数值点图层进行 IDW 插值，得到相应的栅格图层；⑥将得到的栅格图层与原始纸质图层进行比对，如有较大差异则重复④至⑥步骤，否则确认成图。

由于最大 10 min、1 h 和 6 h 多年暴雨极值年均雨量分布图在分布范围上存在较多相似，为避免叠加分析时重复考虑，需对得到的 3 种数字化栅格图层进行降维处理，得到一个反映总体特征的综合指标。这里采用主成分分析法，提取一个主成分，最终得到多年暴雨极值年均雨量图层 [图 5-1（a）]。基于同样的方法可得到长江流域年暴雨极值变异系数 [C_V，图 5-1（b）]。

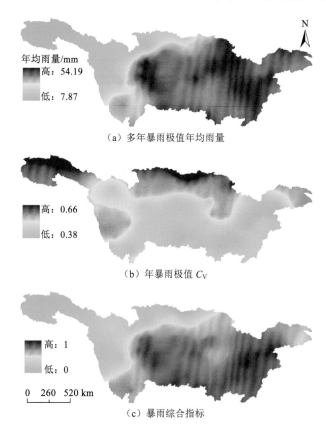

图 5-1　长江流域多年暴雨极值年均雨量、年暴雨极值 C_V 和暴雨综合指标

暴雨综合指标（CH_1）由多年暴雨极值年均雨量与年暴雨极值 C_V 标准化后加权求和得到，多年暴雨极值年均雨量反映的是暴雨极值的绝对分布情况，数值越大表示年暴雨极值越大，越有利于山洪发生；年暴雨极值 C_V 反映的是长时间序列暴雨极值的年度变化特征，数值越大表示年暴雨极值年际变化幅度越大。两者对山洪过程分布的影响同等重要，作等权对待，加权后经归一化即可得到暴雨综合指标图层 [图 5-1（c）]，数值越大表示诱发山洪的可能性越大。

2）地形起伏度（CH_2）

本指标反映地表形态的起伏高低情况，数值越大表示区域高差大，越有利于山洪的发生。长江流域地形起伏度栅格图由 DEM 原始数据经填洼后，导入 ArcGIS 中的 Neighborhood statistic 命令计算最大值和最小值并相减求得，其中最佳统计单元由均值变点法测算求得，本节测算结果为 11×11 网格大小。具体图层如图 5-2（a）所示。

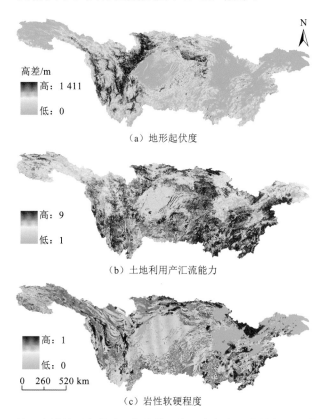

（a）地形起伏度

（b）土地利用产汇流能力

（c）岩性软硬程度

图 5-2　长江流域地形起伏度、土地利用产汇流能力及岩性软硬程度分布图

3）土地利用产汇流能力（CH_3）

植被的水土保持功效已为学界共识，本指标利用土地利用数据反映长江流域植被覆盖情况对流域产汇流的影响，具体评估依据区域土地利用状况，采用专家打分法对不同的土地利用类型打分（表 5-2），打分越高表示流域产汇流能力越低，越不易发生山洪 [图 5-2（b）]。

表 5-2　土地利用产汇流能力打分

一级类型	二级类型	打分
林地	有林地	9
	灌木林地	8
	疏林地	6
	其他林地	7

续表

一级类型	二级类型	打分
草地	高覆盖草地	6
	中覆盖草地	5
	低覆盖草地	4
未利用土地	沙地	9
	戈壁	8
	裸土地	3
	其他未利用土地	2
耕地	—	4
水域	—	1
城乡、工矿用地	—	1

4）岩性软硬程度（CH_4）

岩性的软硬在一定程度上可以反映地表岩层的破碎风化和节理发育情况，对地表产汇流及松散堆积物的分布都有一定影响。这里依据表 5-3 对整个流域岩性分布及各类土体软硬程度进行评估和打分，再经 ArcGIS 归一化后出图 [图 5-2（c）]。

表 5-3　岩性软硬程度打分情况

类别	亚类	强度/MPa	代表性岩石	评分
硬质岩石	极硬岩石	>60	花岗岩、花岗片麻岩、闪长岩、辉绿岩、玄武岩、安山岩、片麻岩、石英岩、石英砂岩、硅质、钙质砾岩、硅质石灰岩等	5
	次硬岩石	30～60	大理岩、硅质板岩、石灰岩、白云岩、钙质砂岩等	4
软质岩石	次软岩石	5～30	凝灰岩、千枚岩、泥灰岩、砂质泥岩、板岩、泥质（砂）砾岩等	3
	极软岩石	<5	页岩、泥岩、黏土岩、泥质砂岩、绿泥石片岩、云母片岩、各种半成岩等	2
土体	各类土体	—	—	1

5）人口密度（CV_1）

人口密度是描述区域人口易损性的常用指标之一，本节用其反映区域人口暴露量的绝对分布状况，指标数值越高，人口易损性越高。具体操作以县域为统计单元，从相关统计年鉴或公报中提取国土面积及相应人口数量，再在 ArcGIS 中计算呈现，经归一化后的出图效果如图 5-3（a）所示。

6）城镇化率（CV_2）

城镇化率从原初概念上是一个反映区域城镇化水平的指标，在计量上通常用单位统计时段内，城镇居民点（城镇实体）的常住人口除以整个行政区的总人口求得。本节用城镇化率反映区域暴露人口的离散程度，区域城镇化率越高，人口分布的离散程度越低，城镇体系越完善，大部分人口集中在少数几个规模较大、设施较完备、防灾控灾水平较高的居民点，不易受

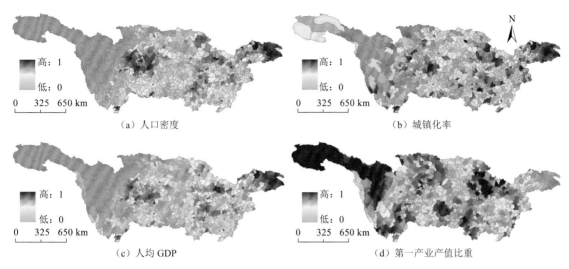

（a）人口密度　　　　　　　　　　　　　　（b）城镇化率

（c）人均 GDP　　　　　　　　　　　　　（d）第一产业产值比重

图 5-3　长江流域县域易损性指标图层集总

到具有群发特征的山洪侵扰，人口易损性较低。本指标具体数据直接摘自"六普"资料，导入 ArcGIS 中县域矢量图后，经归一化即可出图［图 5-3（b）］。

7）人均 GDP（CV_3）

本节使用县域人均 GDP 指标，反映区域暴露资产的绝对分布状况，指标数值越高，资产易损性越高。具体操作以县域为统计单元，从相关统计年鉴或公报中提取常住人口及相应 GDP 总量数据，再在 ArcGIS 中计算呈现，经归一化后的出图效果如图 5-3（c）所示。

8）第一产业产值比重（CV_4）

第一产业主要指农林牧副渔业（即"大农业"）。根据产业特点，农业生产活动较之第二、第三产业生产一般要分散得多，一产比重高的地区，农业资产比重越高，生产资料越分散，更易受到山洪侵扰；同时以农业生产为主的地区，一般工商业聚集水平有限，分散资产未必能得足够的设施保护，暴露资产的易损性自然更高。综上，使用第一产业产值比重指标反映区域资产的离散程度，具体操作以县域为统计单元，从相关统计年鉴或公报中提取第一产业比例数据，导入 ArcGIS 中县域矢量图后，经归一化即可出图［图 5-3（d）］。

5.2.3　各方案风险评估结果

1. 长江流域山洪灾害易损性分布图

由于以上四类风险评估模型的易损性出图内容一致，这里首先进行易损性分析。依据相关定义，易损性是指承灾体受到特定致灾过程侵扰所可能遭受的潜在最大损失，一般由区域暴露人口和资产两个方面来考量。由于暴露人口和资产的绝对分布量和分布形式都与承灾体易损性密切相关，本节选取县域人口密度（CV_1）和人均 GDP（CV_3）分别反映区域人口和资产的绝对分布情况；选取城镇化率（CV_2）和第一产业产值比重（CV_4）分别反映区域人口和资产的分布状态（离散程度）。在指标赋权时，基于"人贵财轻"的价值理念，给予人口类指标

（CV_1，CV_2）较高权重；绝对分布类指标（CV_1，CV_3）与分布形式类指标（CV_2，CV_4）采用等权处理，具体指标体系设计及权重设定见表5-4。最后各二级指标图层依相应综合权重加权，即可得到初步的长江流域县域易损性分布图。

表5-4　长江流域山洪灾害易损性分析指标权重

一级指标	权重	二级指标	权重	综合权重
人口	0.550	人口密度（CV_1）	0.500	0.275
		城镇化率（CV_2）	0.500	0.275
资产	0.450	人均GDP（CV_3）	0.500	0.225
		第一产业产值比重（CV_4）	0.500	0.225

　　由于离散程度概念和分布形式类指标的引入，初步易损性图的高值区多分布在经济相对不发达地区，如西部高于东部、农村高于城镇。这一结果总体上符合本书作者野外调研的认识，但对江源等人口极度稀少地区的易损性有明显夸大。为了避免这种情况，这里对初步易损性图做进一步处理，将人口密度低于 5 人/km^2 的区县（主要是江源地区）强制赋予低易损性值，具体数值为初步易损性值后5%区县的最高值，最后得到修正以后的长江流域县域易损性分布图 [图 5-4（a）]。

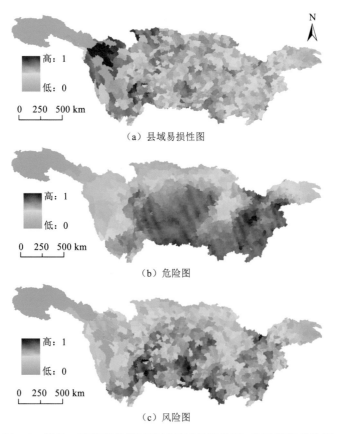

（a）县域易损性图

（b）危险图

（c）风险图

图 5-4　基于一般模型的长江流域县域易损性图、危险图和风险图

2. 一般模型方案

一般模型中 CH_1～CH_4 均为危险性分析的二级指标，采用 AHP 对各指标进行赋权。依据目前对山洪过程机理的一般认知，4 项指标中暴雨类（CH_1）和地形类（CH_2）指标是发育山洪的基本要素，应当给予高权，其中暴雨又是诱发山洪的源动力，因此权值更高；尚无证据表明土地利用和岩性条件会在大空间尺度层面对山洪发生发育起到绝对的控制作用，因此给予 CH_3,CH_4 较低的权重。考虑到保存较好的林地一般都是山区，CH_3 在叠加过程会削弱 CH_2 的影响，给予 CH_3 相对高权等效于部分否定之前 CH_2 的赋权，因此给予 CH_3 相对低权，最后权重设定见表 5-5。

表 5-5　基于一般模型危险性指标的 AHP 评分及权重

危险性指标	CH_1	CH_2	CH_3	CH_4	权重	CI
暴雨综合指标（CH_1）	1	2	5	5	0.488	0.040
地形起伏度（CH_2）	1/2	1	5	5	0.345	
土地利用产汇流能力（CH_3）	1/5	1/5	1	1/2	0.069	CR
岩性软硬程度（CH_4）	1/5	1/5	2	1	0.098	0.045

依据表 5-5 给出的权值，对 CH_1～CH_4 图层分别进行归一化后做加权叠加，得到初步的长江流域山洪灾害危险性分布图，以其为底图，利用 GIS 中的 Zonal statistics 功能，生成县域危险图 [图 5-4（b）]，以便与易损性图在叠加单元上统一。将归一化处理后的易损性图 [图 5-4（a）] 与危险性图 [图 5-4（b）] 做乘积叠加，得到基于一般模型的长江流域山洪灾害风险图 [图 5-4（c）]。

3. 改进模型方案

改进模型的危险性分析首先将 CH_1 与 CH_2 相乘，标准化（归一化）后再与 CH_3,CH_4 加权。改进模型的指标定权原则与一般模型基本一致，不同之处在于，为突出乘积叠加以后地形暴雨（CH_1H_2）指标的作用，在赋权时给予了最大化倾斜（表 5-6）。

表 5-6　基于改进模型危险性指标的 AHP 评分及权重

危险性指标	CH_1H_2	CH_3	CH_4	权重	CI
地形暴雨（CH_1H_2）	1	9	9	0.814	0.027
土地利用产汇流能力（CH_3）	1/9	1	1/2	0.072	CR
岩性软硬程度（CH_4）	1/9	2	1	0.114	0.046

依据表 5-6 给出的权值，对指标图层作加权叠加，再经过县域化和归一化处理，即可得到基于改进模型的长江流域山洪灾害危险图 [图 5-5（a）]，将其与图 5-4（a）作乘积叠加，可得到基于改进模型的长江流域山洪灾害风险图 [图 5-5（b）]。

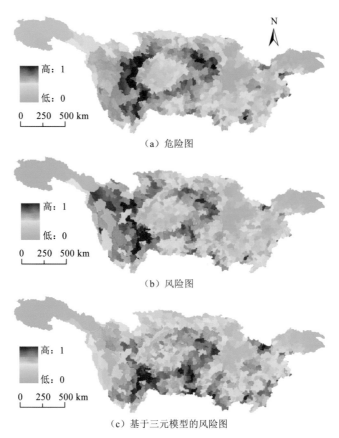

（a）危险图

（b）风险图

（c）基于三元模型的风险图

图 5-5　基于改进模型的长流流域危险图、风险图和基于三元模型的风险图

4. 三元模型方案

三元模型将暴雨综合指标（CH_1）作为致灾因子单列，$CH_2 \sim CH_4$ 指标图层通过加权的方式得到孕灾环境图层，之后将致灾因子、孕灾环境及易损性图层分别归一化后，以乘积的形式叠加，即可得到基于三元模型的长江流域山洪灾害风险图 [图 5-5（c）]。$CH_2 \sim CH_4$ 指标的权重设计原则同前，具体见表 5-7。

表 5-7　基于三元模型危险性指标的 AHP 评分及权重

危险性指标	CH_2	CH_3	CH_4	权重	CI
地形起伏度（CH_2）	1	5	5	0.709	0.027
土地利用产汇流能力（CH_3）	1/5	1	1/2	0.113	CR
岩性软硬程度（CH_4）	1/5	2	1	0.179	0.046

5. 简化模型方案

简化模型结构形式最为简单，将 CH_1 图层与 CH_2 图层归一化后以乘积的形式叠加，即可得到危险图（即改进模型中的 CH_1H_2），将其县域化与归一化后 [图 5-6（a）] 与易损性图 [图 5-4（a）] 做乘积叠加，得到基于简化模型的长江流域山洪灾害风险图 [图 5-6（b）]。

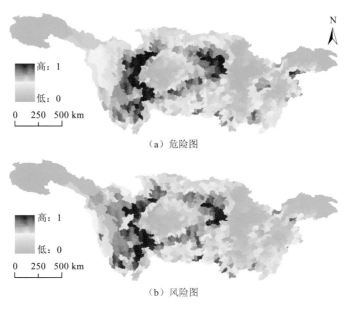

（a）危险图

（b）风险图

图 5-6　基于简化模型的长江流域山洪灾害危险图及风险图

5.2.4　合理性分析

1. 定性比较

比较 4 类风险图［图 5-4（c）、图 5-5（b）（c）、图 5-6（b）］,山洪灾害高风险区（图中偏红区）均主要分布在盆周山区（岷山、邛崃山高山峡谷区、龙门山中山峡谷区、米仓山、大巴山中山峡谷区、滇东中山峡谷区、大娄山、武陵山中山峡谷区）和长江中下游中低山区（大别山中低山峡谷区、南岭中低山宽谷区、幕阜山、罗霄山中低山宽谷区和黄山、武夷山中低山区）,4 类模型结果的区别主要体现在区域侧重不同:一般模型的高风险区分布范围最广,重点是四川盆地南部的滇东中山峡谷区和大娄山、武陵山中山峡谷区;改进模型高风险区与简化模型输出相似,主要集中在盆周山区;三元模型的高风险区主要分布在四川盆地东部和南部的米仓山、大巴山中山峡谷区、滇东中山峡谷区、大娄山、武陵山中山峡谷区,以及大别山中低山峡谷区。

中风险区（偏黄区）在全流域上至江源以下、下至三角洲以上皆有分布,其中一般模型输出的范围仍然最广,除江源高原宽谷区和三角洲冲积平原区外均有大面积分布;改进模型、三元模型和简化模型输出结果相似,中风险区较一般模型明显减少,主要是剔除了中下游的洞庭湖—江汉平原和南阳盆地。它们之间的区别是,简化模型的中风险区还剔除了川中丘陵区大部和鄱阳湖平原,改进模型的输出保留了以上两区的部分面积,三元模型的结果则基本全部保留了这两个地区。

低风险区（偏绿区）原则上一般应分布在高原宽谷或平原地区。4 类模型输出中,改进模型和简化模型的低风险区控制得较好,其他两类模型的出图均存在较大失真。总体上,一般模型输出失真明显,一些地面起伏不大的地区也被认定为中高风险区;三元模型的中风险区也偏多,且对高风险区的认定缺少近年来灾害频发的岷江流域;改进模型和简化模型的结果较好。

2. 定量比较

为进一步验证上述结果,使用全局莫兰 I 数计算 4 种风险图县域风险值与县域灾害点数量的相关关系,全局莫兰 I 数考虑了空间统计单元之间的邻近关系,因而较之传统方法更适合讨论空间序列间的相关关系。计算结果显示,4 类模型的县域风险图与灾害点数量的相关系数分别为:一般模型,0.184;改进模型,0.421;三元模型,0.304;简化模型,0.436(图 5-7),改进模型和简化模型结果明显优于其他两类模型,其中简化模型的相关系数更高,是 4 类模型中的优选方案。

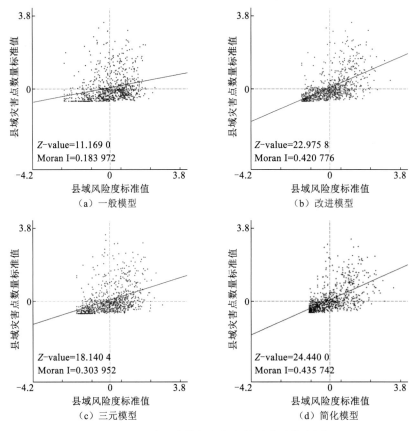

图 5-7　县域风险值与灾害点数量莫兰散点图

没有叠加土地利用产汇流能力(CH₃)和岩性软硬程度(CH₄)的简化模型风险图,反而优于改进模型的出图结果,这与一般认知不符。从山洪诱发机理来看,降雨和地形条件都是激发山洪的必要条件,且只有两者均达到较高水平,才有可能发育山洪,这也是简化模型以乘积形式叠加降雨和地形图层的原因。而 CH_3 和 CH_4 所反映的植被和岩性条件,并不是山洪发生的必要条件,已有研究表明,它们对山洪发生发育的影响是不确定的:如植被对流域产汇流的抑制作用虽然有基本的共识,但这种共识仍是宽泛而有条件的,植被的含蓄水源特性在一定条件下反而会增加产流,且植被的削峰滞洪作用对小流域极端暴雨事件引发的洪水,效果可能极其有限;同样,岩性软硬程度对山洪在宏观尺度的影响也值得商榷,虽然一般认为滑坡(崩塌)、泥石流较易发生在岩性松软、易于风化的岩层中，但来自汶川震区的报道表明硬岩、较硬岩地区也会广泛发育此类过程。所以植被、岩性等一般因子对山洪作用的复杂性与不确定性，是造成上述现象的原因之一。

另外，目前区域尺度的自然灾害风险评估，都是对指标图层进行叠加分析的代数运算，图层间的数学关系多为乘积或加合的形式，不太适合体现作用机制（如某些因子的临界作用机制）、作用方向在整个区域并不统一的因子对山洪发育和分布的影响，因此相关图层的引入，更多的是对核心图层作用的简单加强或削弱，这也可能带来结果失真。

5.3　震区尺度评估

5.2 节的大空间尺度风险评估主要针对广义山洪灾害，考虑的要素兼顾普适性和综合性，但对于中小尺度山洪灾害风险评估，特别是滑坡、泥石流这类次生灾害，大尺度评估使用的方法和指标就显得过于粗糙了。暴雨–溪河洪水–（滑坡、崩塌）–泥石流（以下简称山洪泥石流）是极易致灾的灾害链形式之一。汶川地震以后，国家急需在总体上认知灾情，一些学者在很短的时间内给出了震后震区的山洪灾害风险分析图，虽然相关工作的方法和结论都比较粗糙，但成果的积极意义不言而喻。此后也有学者针对震区常见的山洪泥石流灾害开展研究，但主要是针对单沟或小流域尺度泥石流灾害的危险性，以及相应城镇、道路风险性进行评估，而较大尺度的区域山洪灾害评估案例则少有报道，为数不多的成果也主要是对单沟或小流域信息的集总或是小范围内的分析评价，究其原因，可能与震后松散物质分布极广、体量难以全面调查有关。据此，在第 4 章驱动因子分析的基础上，本节将以汶川震区的山洪泥石流灾害为研究对象，利用历史灾害和震后崩塌（滑坡）资料构建风险评估体系，以期为中尺度条件下长江流域特殊类型的山洪灾害风险分析提供参考。

基于第 4 章对不同类型山洪灾害分布的驱动因子分析，与一般山洪相比，滑坡、泥石流等次生过程对地形、土壤、岩性等下垫面要素的变化更为敏感，而这些要素又与地质活动的联系十分密切。对于地震影响区，很多时候仅仅因为一场地震的发生，原本只发生山洪的沟道会成为泥石流沟，原本偶尔发生泥石流的沟道会成为频发型泥石流沟。显然，剧烈的地质运动会显著地改变山洪泥石流灾害的孕灾环境，在相关风险评估工作中，这种影响必须得到充分的考虑。

因此，本节将影响山洪泥石流过程发生发育的主要因子，分为影响相对稳定的基本因子集（简称稳定因子 A）和影响随时间变化不确定性较大的复杂因子集（简称复杂因子 B），认为前者在震前震后，它们的作用机制、作用范围或影响程度都相对稳定，而后者由于地震的影响或自身原因，在作用机制、作用范围或影响程度等方面，随着地震事件的发生或时间的推进有了较大变化。前者如气候格局和地形地貌，它们在短时间尺度内变化上相对稳定，震前震后在全局层面对山洪分布的影响没有明显的改变；后者如暴雨分布，由于自身原因，每年在时空分布上都有较大差异；又如可以为泥石流发生提供大量松散物源的崩塌（滑坡）体，其体量和格局受地震影响，震前震后的变化往往极为显著。

本节假设综合考虑稳定因子和复杂因子，可以解释震区山洪过程 100% 的空间分布变化。

将影响因素划分以后,为量化不同类型因子对震区山洪过程的影响,需要获取区域山洪过程分布资料,但是此类信息通常很难通过一般调查获取。这里通过整理历史灾害资料,形成汶川震区震前山洪灾害格局图,以其近似表征区域山洪过程格局。同时,利用收集的基础影响要素数据资料,分别形成各影响因子的空间栅格图层。将历史山洪泥石流灾害分布作为被解释变量,稳定因子各图层作为解释变量,构建回归模型,分析得到各项稳定因子对震区山洪过程分布格局的相对重要程度,并以相应回归方程的拟合优度 R^2 作为稳定因子对山洪过程分布格局的解释度。

由于假设稳定因子的作用在地震以后不变,这部分解释度可以在现状分析中沿用,不足部分认为是复杂因子的解释度。再应用 AHP,对各复杂因子相对重要程度进行定权。综合稳定因子和复杂因子,即可以得到震区震后山洪泥石流灾害危险图,之后结合易损性分析结果,可得到最终的风险图。

5.3.1 汶川地震及震区概况

2008 年 5 月 12 日 14 时 28 分 4 秒,四川省阿坝藏族羌族自治州汶川县发生里氏 8.0 级地震,震中心为汶川县的映秀镇(北纬 30.986°,东经 103.364°),震源深度 10 km,最大烈度为 XI 度。截至 2008 年 9 月 25 日 12 时,四川汶川地震已确认有 69 227 人遇难,374 643 人受伤,17 923 人失踪。汶川地震的主要影响区面积约 30 万 km^2,分布在嘉陵江、沱江、涪江和岷江流域,极重灾区主要在岷江上游、涪江上游和嘉陵江的中部。其中,山洪(包括山洪引发的滑坡、泥石流)灾害频发的映秀、龙池和都江堰深溪沟流域等均位于岷江上游,为汶川地震的极重灾区。汶川地震后,山洪(包括山洪引发的滑坡、泥石流)灾害频发,给震区的灾后重建、经济恢复等造成严重的威胁。

关于汶川震区或地震影响区具体涉及的行政区范围,学界尚存多种说法,这里采用《汶川地震山地灾害形成机理与风险控制》一书中划定的 32 个县(市、区)作为研究区,具体包括:四川省的理县、江油市、广元市区、梓潼县、绵阳市区、德阳市区、小金县、黑水县、崇州市、剑阁县、三台县、盐亭县、松潘县、苍溪县、中江县、汶川县、北川县、绵竹市、什邡市、青川县、茂县、安县、都江堰市、平武县、彭州市,以及甘肃省的文县和陕西省的宁强县。其中,四川省的汶川县、北川县、绵竹市、什邡市、青川县、茂县、安县、都江堰市、平武县、彭州市是受灾相对严重的灾区。

5.3.2 基础图层制作

1. 山洪(滑坡)泥石流灾害分布(C)

基于《全国山洪灾害防治规划》中四川省、甘肃省和陕西省的调查数据(截至 2002 年),统计汶川震区涉及的相关地区,即 32 县(市、区)及周边部分县(市)的山洪(滑坡)泥石流灾害点分布情况,得到 932 个灾害点数据资料。

依据 4.2.1 节所描述的方法,在借鉴以往文献成果的基础上(刘希林和苏鹏程,2004),对部分灾害点进行主观赋分,以便计算综合灾度。同时为满足插值对数据点数量分布的需要,对震区灾害点进行了选择性增补（增补点综合灾度为 0），这样最终得到 1 138 个灾害点的量化资料。在 ArcGIS 中对数据点综合灾度进行克里金空间插值，以结果的均方根误差较小为宜，得到震区反映山洪（滑坡）泥石流灾害发生程度的分布图，之后进行归一化即可得到最终的栅格图层（图 5-8），其中数值越大，表示灾害发生程度越重。

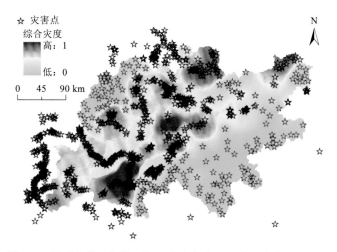

图 5-8　震区山洪（滑坡）泥石流灾害点及历史灾害格局栅格图

2. 气候格局（A1）

气候格局决定了区域干湿冷热分布，对地区生态、环境、地貌、水文等地学相关的演化过程有着深远而稳定的影响，这里将其列为稳定因子。虽然区域年雨量在总量和分布上都有变化，但多年平均雨量分布格局却是相对稳定的，故这里使用多年平均年降雨量反映震区总体气候格局。具体出图方法是收集震区及周边 35 处雨量站点及多年平均雨量信息，然后在 ArcGIS 中进行 IDW 插值，得到面雨量图后再经归一化即可得到有效图层（图 5-9），其中数值越大，表示降雨量越多，区域越湿润。

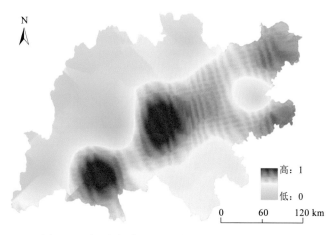

图 5-9　震区气候格局（多年平均年雨量）栅格图

3. 土壤入渗力（A2）

本指标对于泥石流过程前期的溪河洪水及滑坡的诱发具有较重要的意义，数值根据不同土壤类型的颗粒组成及有机质含量打分综合加权后归一化得到（图5-10），具体打分标准参见表5-8。

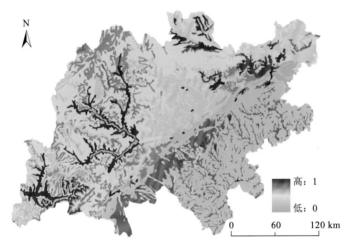

图 5-10　震区土壤入渗力分布栅格图

表 5-8　不同土壤颗粒组成及有机质含量的土壤入渗力打分表

黏粒含量/%	打分	砂粒含量/%	打分	有机质含量/%	打分
<10	1	>85	1	>10	1
10~15	2	70~85	2	3~10	2
15~35	3	50~70	3	1~3	3
35~50	4	20~50	4	0.5~1	4
>50	5	<20	5	<0.5	5
权重	0.3	权重	0.3	权重	0.4

注：分值越高，土壤入渗力越低，越容易产汇流形成山洪。将各指标打分后加权，再归一化，即可得到最终值

4. 岩性软硬程度（A3）

岩性的软硬在一定程度上可以反映地表岩层的破碎风化和节理发育情况，对地表产汇流及松散堆积物的分布都有一定影响。这里依据表 5-3 对震区岩性分布及各类土体的软硬程度进行评估和打分，再经 ArcGIS 归一化后出图（图5-11）。

5. 地形起伏度（A4）

本指标反映地表形态的起伏高低情况，数值越大表示区域起伏度越大。地形起伏度栅格图由震区 DEM 原始数据经填注后，导入 ArcGIS 中的 Neighborhood statistic 命令计算最大值和最小值并相减求得，最后经归一化得到最终图层（图5-12）。

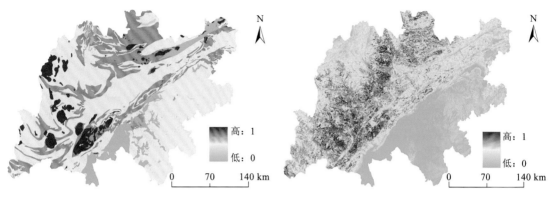

图 5-11　震区岩性软硬程度栅格图　　　　图 5-12　震区地形起伏度栅格图

6. 断裂带缓冲区（B1）

理论上断裂带由于相对活跃的地质运动对山洪，特别是滑坡（崩塌）、泥石流有着持续的影响，很多文献报道震后这种影响表现尤其剧烈和明显，这种由于断裂带附近强烈地震而产生大量松散物质，进而影响山洪发育的作用机制，与以往小规模高频率地质运动及自然风化侵蚀产生碎屑物的方式是明显不同的，产生的结果也很不一样，故这里把它作为复杂因子对待。制图时，依据地质图给出的震区断裂带资料，依距离远近在 ArcGIS 中利用"Buffer"功能定义缓冲区，结合地震烈度情况，具体定义标准为：以断裂带为中心，5 km 以内设为 5；5～10 km 设为 4；10～20 km 设为 3；20～30 km 设为 2；30～50 km 设为 1；50～100 km 设为 0.5；其余地区设为 0。数值越大，表示发生山洪的危险性越大。经归一化后即可生成相应的栅格图（图 5-13）。

7. 暴雨格局（B2）

作为山洪（滑坡）泥石流的激发因子，区域暴雨量和暴雨强度的年际变化程度很大，这里为复杂因子。出图时，首先由《全国山洪灾害防治规划》四川省、陕西省和甘肃省的相关资料获取震区近期最大 6 h 暴雨极值和相应的 69 个雨量站点信息，再经 IDW 插值得到震区基本的暴雨格局图，最后归一化得到最终图层（图 5-14）。

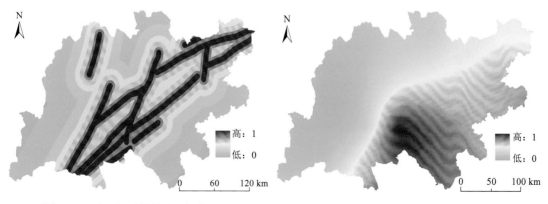

图 5-13　震区断裂带缓冲区栅格图　　　　图 5-14　震区最大 6 h 暴雨极值栅格图

8. 震后松散物质分布（B3）

汶川地震产生了分布广泛、储量可观的松散物质，但对震后松散物质分布和方量的估算一直是个难题。基于滑坡（崩塌）与松散物质的天然联系，尝试利用滑坡（崩塌）点作缓冲区的方式，来近似表征震区松散物质的分布情况。根据陈晓利等（2011）的工作，对震区震后滑坡（崩塌）点的分布进行数字化，然后依据距离事发点越近，遭受灾害的可能性越大的原则，对滑坡（崩塌）点由近及远划分缓冲区，考虑到较大规模的溪河洪水或泥石流往往作用距离很长，或是流水将松散物质搬运、堆积在远距离河床以孕育灾害，将 1 km 以内设为 5，意为最高危险；1～5 km 设为 4；5～10 km 设为 3；10～20 km 设为 2；震区其他区域设为 1。缓冲区设置完成后经归一化即可生成相应的震后松散物质分布危险度图（图 5-15）。

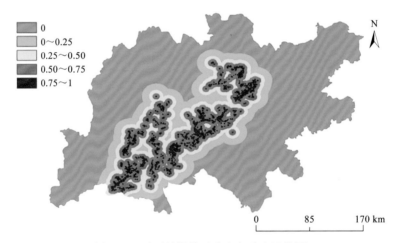

图 5-15 震区松散物质分布危险度栅格图

9. 人口（V1）与资产（V2）

参考 5.2.2 小节的相关介绍，构建人口和资产易损性方面的指标图层（图 5-16）。与前节不同的是，本节使用工业化程度的表征指标，即县域尺度的人均工业总产值来近似表征区域资产存量的绝对分布情况。

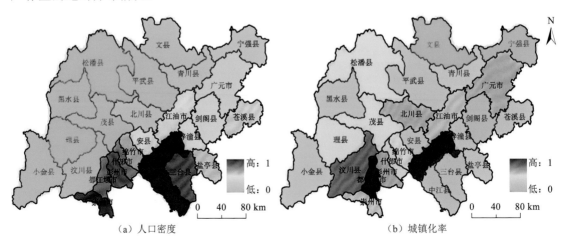

（a）人口密度 　　　　　　　　　　　　　　（b）城镇化率

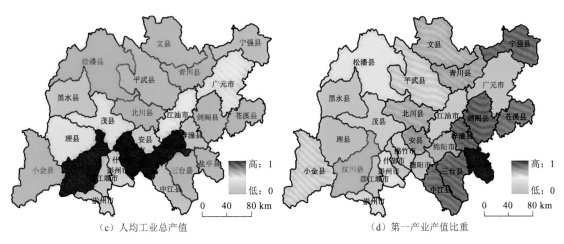

（c）人均工业总产值　　　　　　　　（d）第一产业产值比重

图 5-16　归一化后的震区社会经济因子图层

5.3.3　汶川震区山洪（滑坡）泥石流灾害风险评估

1. 稳定因子山洪（滑坡）泥石流灾害危险性分析

这里认为稳定因子对山洪灾害格局的影响与地震无关，因而可以用历史灾害资料分析稳定因子对灾害格局的影响程度。将前述的气候格局（A1）、土壤入渗力（A2）、岩性软硬程度（A3）和地形起伏度（A4）四类指标作为自变量，山洪（滑坡）泥石流灾害分布程度图层（C）作为因变量，利用 ArcGIS 的 sample 功能，以统一分辨率提取震区各图层栅格样点代入 SPSS，构建逐步回归方程，方程 F 值 185.317＞$F_{0.01}$(4,646)=3.32，达到 0.01 显著水平。各因子回归系数及显著性见表 5-9，可见各因子均通过了显著性检验。

表 5-9　稳定因子与历史山洪灾害格局回归结果

自变量	标准化回归系数	t 值	p 值	R^2	单元数
常量	—	−7.456	0.000		
气候格局（A1）	0.164	5.909	0.000		
土壤入渗力（A2）	0.158	5.090	0.000		
岩性软硬程度（A3）	0.154	4.660	0.000		
地形起伏度（A4）	0.576	15.961	0.000	0.554	651

依据标准化回归系数，对震区历史灾害格局影响最大的因子是地形起伏度（A4），其次是气候格局（A1）、土壤入渗力（A2）和岩性软硬程度（A3）的影响相当。如果这四类因子可以解释历史灾害格局 55.4%（即 R^2 反映的解释度）的变化，则它们的贡献度分别为：A4 为 30.3%，A1 为 8.7%，A2 为 8.3%，A3 为 8.1%，地形对山洪（滑坡）泥石流灾害分布具有明显的控制作用。

从作用方向来看，各因子对历史灾害格局的影响都是正向的，即数值越大，发生灾害的程度也越大，这对于地形、降雨和土壤指标（A1,A2,A4）来说都较为常见，但对于岩性软硬程度（A3）却显得不合常理。一般来说，岩性越硬，越不易风化侵蚀，相应地产生松散物质也越少，但回归结果显示在汶川震区，岩性越硬的地区，发生灾害的程度反而越大，这一结果与陈晓利（2011）的报道较为一致。

究其原因，一方面可能是震区岩性较硬的地区更靠近地质活动较活跃的断裂带，从而更直接地承受地质营力释放的能量而造成空间上的偶然，与岩性关系不大；另一方面可能是岩性本身的性质使然，岩性软弱的岩石，如千枚岩、泥岩、板岩和页岩等确实极易风化，很容易剥离出大量松散物质，但这些松散体颗粒粒径一般较小，易于流水侵蚀，即便形成暂时的堆积，也可以被较高频次的洪水冲泄，而高频率山洪成灾的可能性是比较小的，所以这些地区真正发生山洪（滑坡）泥石流灾害的可能性反而较小；相对的，岩性较硬的花岗岩等岩体，虽然抗蚀力强、不易风化，但有些会由于自身组成矿物膨胀系数的不同和交错节理的发育而发生崩解，崩解形成的松散体一般粒径较大，易堆积于沟床、坡角，待堆积量逐渐庞大，遇到极端自然事件就会极易成灾。

将各稳定因子图层，依据各自对灾害格局解释的贡献度进行叠加，即可得到基于稳定因子的震区山洪（滑坡）泥石流灾害危险性图（图5-17），可见中、高危险区主要集中在青藏高原东麓向四川盆地的过渡地带，并向北部山地和川西高原延伸；东南成都平原区则受地势影响，灾害危险性程度明显降低。

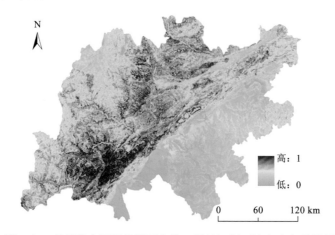

图 5-17　基于稳定因子的震区山洪（滑坡）泥石流灾害危险性图

2. 复杂因子山洪（滑坡）泥石流灾害危险性分析

复杂因子对地震十分敏感，震后其影响灾害格局的机制、范围、量级等都发生了较大的变化，不能单纯地通过历史灾害资料分析来确定影响程度。本节使用目前应用较为成熟的 AHP 来确定各复杂因子指标的叠加权重。具体评分情况见表 5-10。

表 5-10　复杂因子 AHP 评分及权重

因子	B1	B2	B3	权重/%（总 44.6%）	CI
断裂带缓冲区（B1）	1.000	0.333	0.250	5.60	0.003
暴雨格局（B2）	3.000	1.000	1.000	18.60	CR
震后松散物质分布（B3）	4.000	1.000	1.000	20.40	0.005

依据前述工作，稳定因子可以解释现实灾害格局 55.4% 的变化，剩余 44.6% 的解释度则归于复杂因子。在 AHP 的两两比较中，将暴雨格局（B2）与震后松散物质分布（B3）置于基本同等重要的地位，是因为这两项因子对山洪（滑坡）泥石流的发生发育都是直接而必要的。断裂带对于震区震后泥石流等次生灾害的分布也有重要影响，但一方面它对灾害的影响是间接的，另一方面它的影响在一定程度上和震后松散物质分布（B3）重复，所以这里给予断裂带缓冲区（B1）的权重较低。最后一致性比例 CR＜0.1，通过一致性检验。

将各复杂因子图层，依据各自对灾害格局解释的权重进行叠加，即可得到基于复杂因子的震区山洪（滑坡）泥石流灾害危险性图（图 5-18），可见高危险区主要集中在震后松散物质分布极多的龙门山中央断裂带附近，成都平原和秦巴山地受暴雨分布的影响属中低度危险区，松潘、黑水等川西高原地区的危险度最低。

3. 综合危险性分析

将稳定因子与复杂因子各自生成的危险性图层分别进行归一化，再以相应的解释度进行叠加，即可得到总的危险性分布图（图 5-19）。由图 5-19 可知，高危险区主要分布在青藏高原东麓与四川盆地的过渡地带，这一地区也是著名的龙门山断裂带，山高坡陡、雨量充沛、断裂十分发育，加上受汶川地震的影响，松散物质广布，极易发生山洪（滑坡）泥石流；秦巴山区的文县、青川、广元、宁强等县（市）灾害危险度居中；德阳、绵阳、三台、中江等位于成都平原的县（市），以及川西高原的松潘、黑水等县危险度较低。

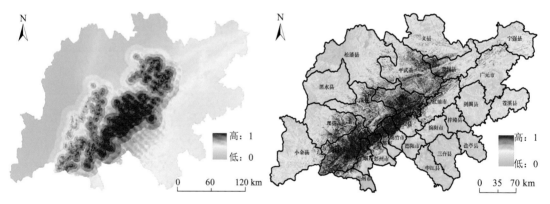

图 5-18　基于复杂因子的震区山洪（滑坡）　　图 5-19　震区山洪（滑坡）泥石流灾害危险性图
　　　　　泥石流灾害危险性图

4. 山洪泥石流灾害易损性分析

将成图的易损性指标（图 5-16）依据各自的权重作线性叠加即可得到震区山洪泥石流灾害初步易损性图［图 5-20（a）］。各因子的权重在综合野外实地调查结果的基础上，采用专家打分法获得（表 5-11），具体有两点说明。

（1）反映离散程度的指标（V12，V22）在权重设置上普遍高于反映数量绝对分布的指标（V11，V21），是因为实地调查中发现大多数情况下，工业化、城镇化水平较低的自然村和市镇更容易受到山洪泥石流的侵扰，且山洪泥石流频发的地区一般也不会发育出较大规模的城镇，

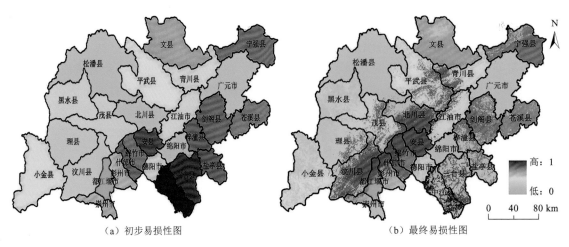

（a）初步易损性图 　　　　　　　　（b）最终易损性图

图 5-20　震区山洪泥石流灾害易损性图

表 5-11　社会经济因子权重设置

单元类型	一级指标	权重	二级指标	权重	叠加权重
市辖区及县级市	人口（V1）	0.550	人口密度（V11）	0.300	0.165
			城镇化率（V12）	0.700	0.385
	资产（V2）	0.450	人均工业总产值（V21）	0.300	0.135
			一产占比（V22）	0.700	0.315
一般县	人口（V1）	0.550	人口密度（V11）	0.300	0.165
			城镇化率（V12）	0.700	0.385
	资产（V2）	0.450	人均工业总产值（V21）	0.600	0.270
			一产占比（V22）	0.400	0.180

反映离散程度的指标更贴合实际。

（2）"一般县"中反映资产离散程度的一产占比（V22）权重比反映资产存量绝对分布的人均工业总产值（V21）低，表面上与第（1）点说明矛盾，是因为实地调查中发现震区部分工矿企业仍在堆积有大量松散物质的泥石流沟内或附近运作（图 5-21），考虑到山区县一般工业基础薄弱，相当一部分企业以初级原材料开采和加工为主，这部分生产一方面有诱发山洪灾害的隐患，另一方面长期在松散物质附近作业也容易受到山洪威胁，故在权重设置上做了相应调整，突出此类地区的工业产生的易损性。

初步易损性图［图 5-20（a）］仅从各个行政单元的统计特性反映区域受到山洪泥石流打击后的潜在损失差异，而大多数情况下同一承灾体面对不同程度或规模山洪泥石流过程冲击所表现出的损失是截然不同的，如山洪泥石流暴发突出且规模较大、频率较高的地区，即便承灾体数量较少、防护水平很高，也很难抵御此类过程带来的巨大损失。所以，较之易损性曲线（或脆弱性曲线），初步易损性图的物理意义仍不够明确。然而易损性曲线的制作需要收集大量现实灾害资料，且后期处理过程复杂，很多中间结果如淤埋深度、洪峰流量、直接经济损失均需要现场估算，在区域尺度应用上难度很大。

（a）泥石流沟内的工业硅厂　　　　　　　（b）泥石流沟口的砂石厂牌

图 5-21　与松散堆积物为邻的工厂

这里采用折中算法，假设易发山洪泥石流的高危险性地区，承灾体蒙受重大损失的概率也较大，易损性水平较高；而低危险性地区的易损性水平则相应较低。将震区 32 区县的平均危险性数值进行排名，取前 10%（即前三名）区县的最低危险性值作为上限阈值，后 10% 区县的最高危险性值作为下限阈值，对危险性数值超过/低于上/下限阈值的地区分别赋予给定的高/低易损性数值。为不过分突出所选地区的易损性，选择易损性数值排名前 10% 区县的最低值作为危险性超上限阈值地区的高易损性数值，后 10% 区县的易损性值最高值作为危险性低于下限阈值区的低易损性数值。危险性数值处于上、下限阈值之间的地区仍以初步易损性图的结果进行赋值，这样得到最终易损性图 [图 5-20（b）]。

由初步和最终易损性图对比可知，龙门山断裂附近的理县、汶川县、北川县、茂县、平武县、青川县，以及成都平原区的中江县、三台县、盐亭县、梓潼县受折中算法的影响易损性数值分别被部分地拉高或降低，以贴合理论分析。其他易损性较高的区县主要有震区东北的文县、宁强县，东部的剑阁县、苍溪县，西南的小金县，以及都江堰市、彭州市、锦竹市、什邡市、江油市等部分地区及安县。

总体上易损性较高的区县主要分布在龙门山断裂附近，以及成都平原与盆周山地交接的部分地区，这里有一定规模的人口和资产，但总体上城镇化、工业化水平较之成都平原地区明显偏低，人员资产相对分散，没有足够的人力物力用于防御震后广泛发育的山洪泥石流，一旦遭受严重打击即可面临惨痛损失且需要较长时间恢复。震区川西高原和成都平原的主要地区由于山洪泥石流威胁较小，承灾体数量有限或是自身防御、恢复能力较强，易损性较低。

5. 综合风险分析及地震前后对比

依据风险度公式，将计算得到的综合危险性图与最终易损性图以乘积的形式等权叠加，归一化后即可得到震区震后山洪泥石流灾害风险图 [图 5-22（b）]。图 5-22（b）中汶川震区山洪泥石流灾害高风险区主要集中在龙门山断裂附近，典型地区有汶川县、北川县、茂县、平武县、青川县、安县，以及都江堰市、彭州市、什邡市、绵竹市、江油市等部分地区；另外，秦巴山区的文县、宁强县，川西高原的理县，以及盆周山区的剑阁县风险度也处于较高水平。评估结果与《汶川地震山地灾害形成机理与风险控制》一书中的附图七“汶川地震重灾区泥石流风险评价图”的分布格局基本一致。

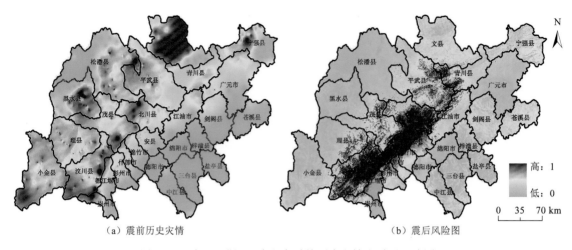

（a）震前历史灾情　　　　　　　　　　　（b）震后风险图

图 5-22　震区山洪泥石流灾害震前历史灾情和震后风险图

如果将本节风险图作为震后山洪泥石流基本灾情的反映，与震前历史灾情比较（图 5-22），可知地震对震区山洪泥石流灾害格局的影响非常明显：震前灾情较重地区分布范围更广，龙门山、秦巴山区及川西高原涉及地区皆有程度较高的灾情分布，其中除陕西文县灾情较为严重以外，其他地区的灾情程度总体差异不大；震后灾情较重地区明显向龙门山断裂带附近转移，灾情严重地区主要集中在汶川县、都江堰市、彭州市、什邡市、安县、北川县等地区，川西高原主要区县灾情弱化，地震带来的大量松散物质及区域人口资产分布演变应是改变震区灾情格局的主要原因。

5.4　县域尺度评估

全国山洪灾害防治非工程措施项目和调查评价项目是针对全国 2 058 个防治县（市、区）开展的基础防御工作。调查评价项目的主要任务是在摸清历史发灾情况和孕灾环境的基础上，利用简化的过程风险评估方法匡算不同时频洪峰水位及对应的雨量来确定山洪预警水位或雨量的阈值。然而，由于山洪灾害系统的复杂性，仅仅依靠概化的水文模型计算成果还很难充分满足现实防治对山洪预报预警、设施布局及中长期土地利用规划等方面的需求，而要素风险评估则可以在这些方面提供较好的支撑。据此，本节以云南省永善县为例，在已有调查评价数据的基础上，充分利用已经收集得到的第一手资料，重新设计评估体系，以期为县域尺度的山洪灾害要素风险分析提供参考。

5.4.1　永善县概况与数据方法

1. 研究区

永善县位于云南省东北部，地处 103°10′E～104°01′E，27°30′N～28°31′N，属金沙江水系。全县面积为 2 778 km²，境内山脉属横断山脉凉山山系五莲峰分支，受喜马拉雅运动影响，褶皱断裂发育、山高谷深、溪沟纵横，平均海拔约 1 400 m。该县气候属高原季风立体气候，四季不明显，多年平均气温 16.8℃，年均降水 825.2 mm，海拔 1 000 m 以下多为干热河谷。本次山洪调查评价主要针对山区小流域，这个尺度的数据相对全面。根据该县调查评价项目的基础数据，该县涉及小流域 304 个，流域面积 10～20 km^2 的小流域占 53.6%，最大面积为 41 km^2，平均坡度在 25°～45° 的小流域占 75.7%，属山洪灾害高发区。

2. 数据来源

永善县 2015 年完成初步的山洪灾害调查评价工作，形成的成果数据库可分为调查数据集和评价数据集，其中调查数据集主要包括：①工作底图（行政区划、土地利用、土壤属性、小流域属性及分布等）；②具体测量的河段断面形态、河道糙率、企事业单位和居民点属性及房屋高程、河段洪痕等信息；③历史洪灾事件的水文气象资料；④已建水利及山洪防御设施资料等。评价数据集主要包括各评价对象（沿河村落）所处小流域的设计暴雨、设计洪水、水位-流量-人口关系、预警指标等计算成果。

由于本次调查评价工作带有较强的摸索性，一些具体的数据指标很难落地。本节尽量使用第一手调查或实测信息作为本底数据，主要包括调查数据集中的①、②和④。对于分析评价数据集，由于计算结果具有一定的不确定性，本节仅使用其计算过程中收集的当地水文气象手册等资料（⑤），包括《云南省暴雨统计参数图集》、《昭通地区水文特性研究》和《云南省暴雨径流查算图表》。

此外，在数据验证时使用的历史灾害资料，主要来自《全国山洪灾害防治规划》山洪灾害调查数据（截至 2002 年），另根据永善县山洪灾害调查评价项目收集的资料，对该县灾害点数据进行了更新，数据年限截至 2010 年。

3. 基本方法

1）概念模型

有关自然灾害风险的概念模型采用联合国人道主义事务局模型，其中自然过程危险性主要表征给定区域内山洪过程的易发程度，实践中一般考量暴雨、土壤、地质、地貌、植被、土地利用、流域形状、沟道形态等与山洪发育关联较大的自然因子，传统计算方法是采用这些因子图层的线性加权来获得危险图。但是这种方法没有强调暴雨、地形等外营力和下垫面因子对山洪形成的基础作用，容易造成结果失真。由于外营力和下垫面分别反映山洪形成的内因、外因，且本身极具指示意义，本节将其单列为一级指标，通过它们的乘积叠加反映区域山洪的危险性特征。

2）赋权方法

本节从主客观方法相结合的原则出发，结合主成分分析法、熵值法和 AHP 各自的优势，采用综合法定权。

主成分分析法特别适合处理数量较多且相关度高的指标序列，本节使用该方法对基层指标降维；熵值法的原理是通过序列信息熵的计算反映该序列的无序或不确定程度，其物理意义明确，赋权依据客观，但对指标间的重复性无辨析能力，本节使用该方法对降维后的独立变量进行客观定权；AHP 属定性定量相结合的主观赋权法，它确保了定权时所选指标间始终具有清晰的层次结构和严谨的逻辑约束,本节使用该方法对降维后的变量进行主观定权。得到 AHP 权和熵值权后，采用两类权值的算术平均值作为最终权值。

5.4.2　指标选择与出图

1. 指标选择

永善县山洪主要为暴雨山洪，故外营力指标依暴雨的规模历时，选取最大 1 h、3 h、6 h 和 24 h 的点雨量均值和 C_V 值作为子指标，源数据来自"数据来源"中的⑤；下垫面内涵丰富，从流域特征、地形、土壤、土地利用、水力学要素等方面选取了 12 项子指标（表 5-12），源数据来自"数据来源"中的①；承灾体易损性仅考虑直接受山洪威胁的河道附近的人口和资产暴露情况，受山洪威胁的程度依据本节提出的"河道形态指数"界定，源数据来自"数据来源"中的②和④。

表 5-12　选取指标框架

一级指标	二级指标
外营力危险性（EH）	最大 1 h、3 h、6 h、24 h 点雨量均值（EH_1）和 C_V 值（EH_2）
下垫面危险性（UH）	流域高差（UH_1）；平均坡度（UH_2）；流域形状系数（UH_3）；土地利用（UH_4）；土壤属性（UH_5）；流域最大河长（UH_6）；最大河长比降（UH_7）；流域面积（UH_8）；流域周长（UH_9）；形心高程（UH_{10}）；平均糙率（UH_{11}）；平均入渗率（UH_{12}）
承灾体易损性（V）	人口暴露量（V_1）；资产暴露量（V_2）；河道形态综合（V_3）

2. 出图方法

1）外营力危险性（EH）

参考 4.2.1 小节中"降雨大类"的获取方法，将最大 1 h、3 h、6 h 和 24 h 的点雨量均值和 C_V 图层在 GIS 中数字化后，使用主成分分析法分别对它们进行降维，得到点雨量均值和 C_V 的第一主成分，后等权叠加并归一化，得到 EH [图 5-23（a）]。

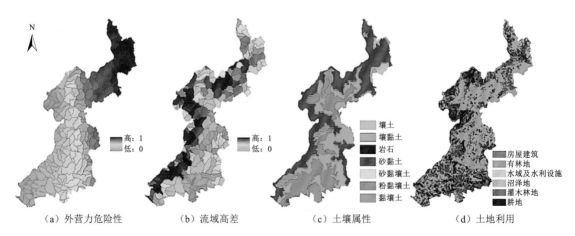

（a）外营力危险性　　（b）流域高差　　（c）土壤属性　　（d）土地利用

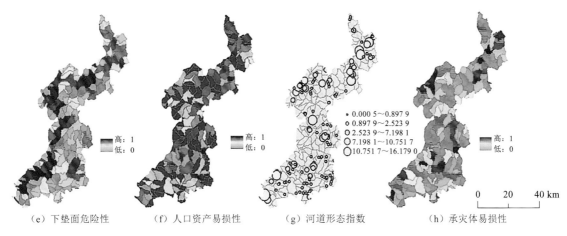

（e）下垫面危险性　　（f）人口资产易损性　　（g）河道形态指数　　（h）承灾体易损性

图 5-23　永善县风险评价中间过程图层

2）下垫面危险性（UH）

流域高差 UH_1 在调查工作底图中的 WATA 图层中，使用各流域的最大高程减去出口高程求得［图 5-23（b）］；土地利用（UH_4）与土壤属性（UH_5）对山洪发育的影响主要体现在产汇流方面。以调查工作底图中的土壤（SLTA）和土地利用（USLU）矢量图为基底，对不同土壤质地和土地利用的产汇流能力进行打分［表 5-13 和图 5-23（c）（d）］，分值越高，产汇流能力越强，越容易发育山洪。其他二级指标可直接在 WATA 图层中得到。

表 5-13　土地利用和土壤属性产汇流能力打分表

土地利用类型	打分	土壤质地	打分
耕地	0.4	壤土	0.2
沼泽地	0.8	砂黏壤土	0.1
有林地	0.1	黏壤土	0.6
灌木林地	0.2	粉黏壤土	0.4
建筑用地	0.6	砂黏土	0.8
水域	1.0	壤黏土	1.0

本节 12 项指标经降维后得到 5 个主成分，第 1 主成分主要反映最大河长、流域面积、周长等流域特征；第 2 主成分主要反映平均坡度、流域高差等地形指标；第 3 主成分主要反映平均糙率和土地利用情况；第 4 主成分主要反映河流比降、流域高差和土壤情况；第 5 主成分主要反映流域形状和土壤情况。根据第 4 章已经总结的认知，在 AHP 中给予第 2、4 主成分绝对高权，给予第 3、5 主成分相对低权。第 1 主成分综合性强，且所反映的流域特征对洪水特性也有重要影响，给予相对高权（表 5-14）。得到最终权后将各主成分依序加权并归一化，得到 UH［图 5-23（e）］。

3）承灾体易损性（V）

在山洪调查数据集中有针对受山洪威胁人口、资产的统计，按统计范围的不同有"防治区"

表 5-14　不同主成分的 AHP 评分及最终的权重设定

主成分	1	2	3	4	5	权重		
						AHP	熵值法	最终
1	1.00	0.25	3.00	0.33	3.00	0.15	0.21	0.18
2	4.00	1.00	6.00	1.50	4.00	0.41	0.21	0.31
3	0.33	0.17	1.00	0.25	2.00	0.08	0.13	0.11
4	3.00	0.67	5.00	1.00	4.00	0.31	0.28	0.29
5	0.33	0.14	0.50	0.25	1.00	0.06	0.18	0.12

注: AHP 的 CR=0.028<0.1

和"危险区"之分,防治区统计主要是向基层行政主管咨询、估计和核对山洪易发区内的行政村级辖区的人口、财产数据,统计范围广,方法较粗糙;危险区数据大多直接在勘测河道周围逐户走访得到,资料翔实可靠,但统计范围小、人口数量少,区域代表性稍显不足。因此,本节统计各个小流域内防治区和危险区的人口数量和家庭、企事业资产规模,按防治 40%、危险区 60% 进行加权,得到人口暴露量 V_1 和资产暴露量 V_2,后仍基于"人贵财轻"的价值理念,将人口指标与资产指标按六四加权并归一化,得到人口资产易损性指标 $[V_1 V_2$,图 5-23(f)]。

沿河村落受山洪的威胁程度与洪水漫滩和冲击紧密联系。一般认为,洪水漫滩概率与过水断面面积负相关,局部水流冲击力或流速与河段能坡正相关,又因为洪流通常会在河流弯曲处发生顶冲,故构筑河道形态指数,反映河段附近受山洪威胁程度的大小,具体公式如下:

$$F = m \cdot J / A \tag{5-12}$$

式中: F 为河道形态指数,其值越大,河段附近受山洪威胁程度越大;m 为弯曲系数,由所测河道纵断面各点距离之和除以端点距离得到;J 为勘测的河段能坡;A 为控制断面成灾水位(有堤防时为漫堤水位)以下断面面积,若控制断面上游存在涵洞,且涵洞面积小于控制断面成灾水位以下面积时,使用涵洞面积作为 A 值。

小流域内无勘测河道的,一般是区内无成形山洪沟或有山洪沟无沿河村落,给予已算 F 值的最小值作为背景值。统计各小流域内的平均 F 值并归一化得到 V_3,将其与 $V_1 V_2$ 乘积叠加并归一化得到 V[图 5-23(h)]。

5.4.3　永善县山洪灾害风险评估

依据式(1-1),得到永善县山洪灾害风险分布图[图 5-24(a)],可知该县各小流域风险度空间格局较为破碎,高值区和中低值区交错分布。局域空间自相关分析结果[图 5-24(b)]也显示该县风险值仅在局部有小范围的低–高和低–低聚集,区域特征不显著。

从 EH 和 UH 分布来看,受东部季风气候影响,永善县的暴雨水平由东北向西南递减;下垫面特别是地形特征,受区内横断山脉走向的影响,呈明显的东北–西南高,东南低格局。因此该县的山洪过程危险性[图 5-25(a)],总体上是北部最高,西南部次之,东南最低。但叠加了 V 后的风险值不再具有显著的区域特征,主要是因为全县各小流域的 V 值分布也是高低值相互交错,并与 EH 和 UH 形成互补(图 5-23),导致最终的风险分布趋于均化。

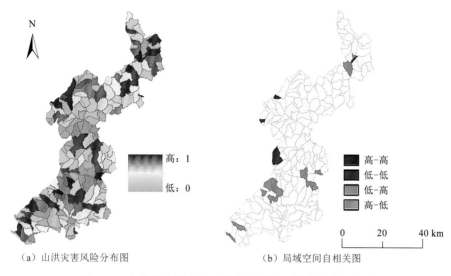

（a）山洪灾害风险分布图　　　　　　　　（b）局域空间自相关图

图 5-24　永善县山洪灾害风险分布图和局域空间自相关图

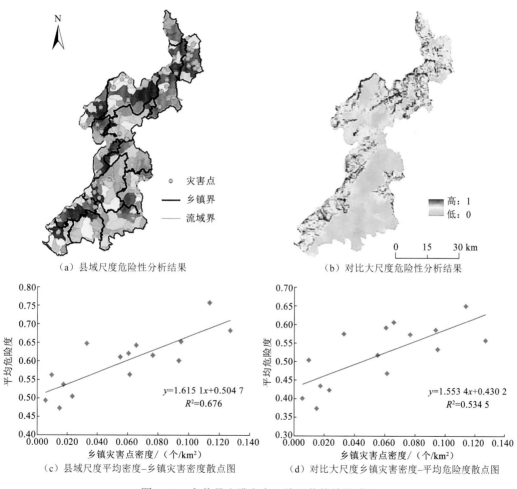

（a）县域尺度危险性分析结果　　　　　　（b）对比大尺度危险性分析结果

（c）县域尺度平均密度−乡镇灾害密度散点图　　　（d）对比大尺度乡镇灾害密度−平均危险度散点图

图 5-25　永善县山洪灾害风险评价的结果验证

　　为明确本节的合理性，仍然使用定性、定量两种方法对结果进行验证，一是与已有文献进行比较，如果两者具有较高的一致性，则认为结果合理；二是通过历史灾害资料进行验证，如果 H 图层的危险分布与灾害统计结果基本一致，也认为合理。

　　永善县此前并无专门文献进行山洪灾害风险评价，一些在范围上有所涉及的文献对县域尺度危险度的刻画也不甚清楚，且这些结果本身缺乏有效验证。本章 5.2 节在大空间尺度分析中给出过长江全流域的风险图结果 [图 5-6（b）]，但是由于该图以县域为基本统计单元（为与易损性图的最小统计单元保持一致），得到的是长江流域各县（区）山洪灾害风险度的集总值，无法与本节的研究结果进行直接比较，这里使用 5.2 节中简化模型得出的永善县山洪灾害危险图进行比较 [图 5-25（b）]；同时基于收集到的历史灾害资料，统计永善县各乡镇的山洪灾害点密度，并与对应乡镇的平均危险度联立分析拟合优度。可见不论是与已有成果还是历史灾害比较，本节研究结果与它们都具有较高的一致性（图 5-25）。

第 *6* 章

基于过程分析的长江流域山洪灾害
风险评估

基于过程分析的山洪灾害风险评估侧重于对山洪灾害一般过程的解构,本章将以长江流域发育最普遍的雨致山洪为例,详细介绍在工程咨询领域山洪灾害过程风险评估的主要内容。

6.1　设　计　暴　雨

6.1.1　设计暴雨概念

山洪灾害是山丘区经济损失最严重、人口伤亡最多和社会影响最大的自然灾害之一,暴雨是形成山丘区洪山的主要原因。暴雨研究和计算主要包括以预报为目的的暴雨(主要研究大气)和土木工程建筑设计为目的的暴雨(主要研究降落到地面上的雨量),本书所提的暴雨为后者。设计暴雨(design storm)是为防洪等工程设计拟定的、符合指定设计标准的、当地可能出现的暴雨。对于中国现阶段旱涝灾害防治和海绵城市建设,蓄水和排水工程的设计,都需要通过设计暴雨推求设计洪水来确定工程的规模。因此,设计暴雨研究是进行城市与山区水问题治理的重要基础。

在山洪灾害过程风险评估中,通常将洪水淹没最低高程房屋作为山洪灾害发生的临界值,且山丘区小流域内的中、小型水利工程(小水库、撇洪沟、涵洞、泄洪闸等)的防洪安全计算对设计洪水计算也具有需求。受山区环境复杂性和山洪灾害破坏性的影响,山丘区实测洪水资料较少,设计暴雨计算是无实测洪水资料记录情况下进行设计洪水计算的前提。与流量观测资料相比,山丘区降雨观测系列较长,雨量站密度较高,暴雨特征受下垫面和人类活动影响较小,设计暴雨研究将更趋重要。

近年来,随着经济社会发展、降雨资料累积和计算理论与方法的进步,我国设计暴雨计算取得了多方面的进展。本节按照一般的设计暴雨计算步骤(图6-1),从暴雨选样、频率分析、公式推求和时空分解四个方面对设计暴雨的计算方法进行总结(梅超 等,2017)。

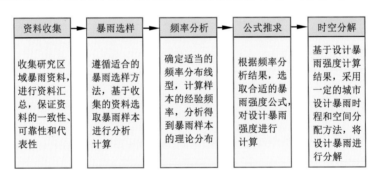

图 6-1　设计暴雨计算通用过程

6.1.2　设计暴雨选样方法

设计暴雨选样是在现有大量雨量资料中合理地选择能够客观反映项目设计中的一定重现期范围内暴雨规律的雨量样本,为设计暴雨频率分析、公式推求和时空分解提供基础资料。选取方法需要遵循使所选样本具有一致性、代表性、可靠性和独立性的原则,力求能够代表降雨的总体分布规律。

　　目前,国内外将设计暴雨的选样方法分为年最大值法和非年最大值法,各方法的分类、内涵和优缺点见表 6-1(梅超　等,2017)。目前我国应用最多的设计暴雨选样方法是年最大值法和年多个样法,分别被水利、气象和市政部门采纳,关于超定量法和年超大值法的应用较少。上述不同选样方法各具优点和缺点,应根据具体设计暴雨计算的目标和数据资料的丰富度进行综合确定。不同的选样方法重现期和经验频率的计算方法具有一定的差别,因此,应当充分考虑不同选样方法之间的关系和换算问题。不同选样方法选样得到的经验频率和重现期的内涵不同,年最大值法选样得到的累积频率为年频率,重现期为年重现期;而非年最大值法选样得到的累积频率为次频率,重现期为次重现期。周文德和张永平(1983)及邓培德(1996)提出年最大值法和非年最大值法的概率换算关系为

$$P_{\mathrm{M}} = 1 - \mathrm{e}^{-P_{\mathrm{E}}} \tag{6-1}$$

式中:P_{M} 为年最大值法所得的暴雨频率;P_{E} 为非年最大值法得到的暴雨频率。基于式(6-1),根据重现期与频率的关系转换可得两种方法的重现期转换关系为

$$P_{\mathrm{E}} = \frac{1}{\ln P_{\mathrm{M}} - \ln(P_{\mathrm{M}} - 1)} \tag{6-2}$$

式中:P_{M} 为年最大值法所得的暴雨频率;P_{E} 为非年最大值法得到的暴雨频率。

表 6-1　设计暴雨选样方法分类、内涵与优缺点

类型	方法	方法内涵	优点	缺点
年最大值法	年最大值法	从每年各历时降雨资料中选用一组最大雨量值,N 年终选取 N 组,作为统计样本	原理简单、独立性好	没有选择多雨年份的较大降雨,对暴雨较小年份选取的最大值偏小,小重现期内暴雨强度偏小
	年多个样法	在 N 年降雨资料系列中,每年各历时数据选取 6~8 个最大值进行排序,然后选取资料年限的 3~4 倍最大雨样作为统计样本	兼顾多雨年份和少雨年份,一定程度弥补了暴雨资料的缺失,较真实反映暴雨的统计规律	数据统计分析工作量大
非年最大值法	年超大值法	在 N 年降雨资料系列中,对大雨较多的年份,选取每年各历时 2~3 个最大值雨样,对大雨较少年份,选取每年 1 个最大雨样,按照各历时从大到小排序,各历时取前 N 个最大值作为样本	资料个数与年份无关,减少统计中降雨量小的资料	对数据质量要求较高
	超定量法	选取 N 年降雨资料中某暴雨强度标准值以上的各历时所有降雨强度资料,序列的前 N 个最大值作为样本	资料易获得,统计工作量小,费用少	无法保证选取场地暴雨的独立性,对结果影响较大

　　我国于 20 世纪 50 年代开始使用年最大值法制作暴雨统计参数等值线图,以每一个经纬度为地区单元,列出每个单元的若干个历年最大点雨量,并依此绘制相应的分布图,制作中国实测和调查最大 10 min、60 min、4 h、24 h 和 3 d 的雨量分布图。20 世纪 60 年代,中国水利水电科学研究院水文研究所出版了《中国水文图集》(1963 年),各省份也出版了相应的地区图集和手册。20 世纪 70~80 年代,先后编制了"中国年最大 10 min、60 min、4 h、24 h 和 3 d 点雨量均值及变异系数等值线图",并分别由水利电力部(现水利部)和中国气象局批准使用。20 世纪 90 年代,水利部水资源水文司组织全国对暴雨设计参数图集进行修正。2006 年,水利部水文局和南京水利科学研究院分析了我国迄今为止 2 万多个测站不同历时的点暴雨资料,制作了全国尺度、不同历时的暴雨图集,成为工程规划设计的重要参考。

6.1.3　设计暴雨频率分析

　　设计暴雨频率分析是推求设计暴雨和编制城市设计暴雨公式的基础,选择反映地区暴雨特性的暴雨频率分布曲线是获得准确合理设计暴雨的先决条件,同时也直接影响了设计暴雨计算公式的精度。从概率上看,暴雨是一种随机事件,因此,对暴雨频率分析究竟采取何种分布线型,目前无统一认识。不同国家和地区通常采用不同的分布线型:以中国、美国和加拿大为代表的多数国家采用皮尔逊-III(P-III)型分布,主要线型包括 P-III 型和对数 P-III 型分布;日本通常采用正态分布线型(正态分布、对数正态分布、三参数正态分布);英国和法国等欧洲国家一般使用以 Gumbel 分布、广义极值分布(generalized extreme distribution,GEV)和指数分布为代表的极值正态分布型(梅超 等,2017)。

　　目前,国际上常用的频率分布曲线包括 P-III 型分布、两端有限对数正态分布和广义指数分布,上述概率分布原理(金光炎,2002)如下。

　　P-III 型曲线是一条一端有限一端无限的不对称单峰、正偏曲线,数学上常称伽马分布,其概率密度函数为

$$f(x)=\frac{\beta^{\alpha}}{\Gamma(\alpha)}(x-a_0)^{\alpha-1}\mathrm{e}^{-\beta(x-a_0)} \tag{6-3}$$

式中:$\Gamma(\alpha)$ 为 α 的伽马函数;α、β 和 a_0 分别为 P-III 型分布的形状尺度和位置未知参数,其中 α 和 β 均大于 0。

　　假设某个时间序列服从 P-III 型密度曲线分布,当均值 $\bar{x}$、变异系数 C_V 和偏态系数 C_S 确定时,该密度函数可以确定,密度函数中的参数与总体参数具有如下关系:

$$\alpha=\frac{4}{C_S^2} \tag{6-4}$$

$$\beta=\frac{2}{\bar{x}C_V C_S} \tag{6-5}$$

$$a_0=\bar{x}\left(1-\frac{2C_V}{C_S}\right) \tag{6-6}$$

　　在水文计算中,一般需要求出随机变量取值大于等于 X_P 的频率 $P(x>X_P)$,也就是通过对密度曲线进行积分,即

$$P(x > X_P) = \frac{\beta^\alpha}{\tau(\alpha)} \int_{X_P}^{\infty} (x - a_0)^{\alpha-1} e^{-\beta(x-a_0)} \mathrm{d}x \qquad (6\text{-}7)$$

在水文计算中，P-III 型曲线适线法步骤一般为：将实测资料按从大到小排列，计算和绘制经验频率曲线；计算统计参数（均值和变异系数）；配线，假定偏态系数，选配理论频率曲线，如与经验频率曲线配合不好，重新调整参数配线，直至配合好为止，此过程通常可用最小二乘法实现。

以四川省剑阁县剑阁流域为例，采用 P-III 型曲线适线的方法，年降雨量频率分析结果如图 6-2 所示。

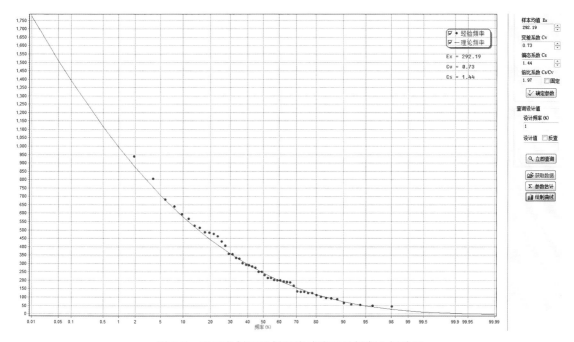

图 6-2　四川省剑阁县剑阁流域降雨量频率分析结果

6.1.4　设计暴雨强度公式推求

暴雨强度公式是一种暴雨灾害管理的重要基础模型，也是计算暴雨–径流过程和确定山洪灾害预警阈值的重要依据。城市设计暴雨强度公式推求是城市设计暴雨研究的核心任务，合适的暴雨强度计算公式的选择和涉及参数的确定是暴雨强度公式的推求过程。不同国家采用的城市设计暴雨强度计算公式（表 6-2）有所不同（Ghanmi et al., 2016）。历史上中国曾经采用的是俄罗斯和日本的暴雨强度公式，实际上两者形式是统一的。

设计暴雨在确定使用的计算公式后，确定公式的参数是十分重要的环节，参数选取的准确性直接影响到暴雨强度计算结果的精度。由于设计暴雨强度公式是非线性模型，对其模型参数的确定实际上是无约束非线性模型参数优化问题。传统上，通常使用图解法和最小二乘法对参数进行推求，随着计算机和优化算法的发展，许多参数优化方法均可以用于解决设计暴雨计算公式参数率定问题，主要包括：简化最小二乘法、曲面最小二乘法、计算机搜索法、三点

表 6-2　设计暴雨选样方法分类

国家	暴雨强度公式	待求参数
美国/加拿大	$i = \dfrac{A}{(t+B)^C}$	A, B, C
俄罗斯	$i = \dfrac{A}{t^n}$	A, n
日本	$i = \dfrac{A}{t+b}$	A, b
中国	$i = \dfrac{A}{(t+b)^n}$ 或 $i = \dfrac{A_1(1+C\lg P)}{(t+b)^n}$	A, b 或 A_1, C, b

等差线法、超定微分方程法、最速下降法、麦夸尔特法、高斯–牛顿法、带因子迭代法、直接拟合法、达尔文进化法、遗传算法、加速遗传算法、曲面搜索法等（梅超 等，2017）。

各种参数求解方法的应用具有一定的优缺点，以图解法和最小二乘法为代表的传统方法原理简单、便于操作，但计算工作量大、精度不高；以迭代算法和遗传算法为代表的优化方法精度较高、自动化程度高、人为影响小，但其存在原理复杂、初始值对结果影响较大、易陷入局部最优等缺点。设计暴雨公式参数求解方法还需要进一步的研究。

6.1.5　设计暴雨时空分解

设计暴雨计算主要是用来推算设计洪水，设计暴雨的时空分布对流域产流和汇流过程均有重要的影响。在同一降雨量、历时和下垫面条件下，不同雨型分布对应设计洪水的产流量大小、洪峰量、峰现时间均具有一定的差异。同时，降雨时空分布的不均匀性也对设计洪水过程有较大的影响，暴雨中心处于流域上游比下游产生设计洪水的峰现时间晚。因此，在进行设计暴雨计算时，不仅要考虑雨强和历时，还需要考虑其时程分解和空间分布。

设计暴雨的时程分解，又称为设计雨量随时间变化过程的确定，它反映了降雨发生、发展直至消亡的过程。实测短历时暴雨雨型特征分析结果表明：雨强大致均匀的降雨比例很小，单峰雨型中雨峰靠前的占多数。在进行流域设计暴雨和设计洪水计算时，时程分解通常采用典型暴雨同频率缩放的方法，在资料缺乏地区则按照当地水文手册中地区综合概化的典型雨型确定。

集水区的面积是影响设计暴雨空间分解方法选择的重要参数，世界各地的排水手册设计规范表明，集水区面积小于一定阈值时，可采用点雨量直接代替面雨量进行设计暴雨计算。考虑设计暴雨的空间差异性对城市设计暴雨的空间分解的一般方法包括点面折减系数法和分区设计暴雨法。点面折减系数法通常通过一定系数将点设计暴雨修正得到面设计暴雨，方法的关键是面雨量的计算。分区设计暴雨法首先对研究区域进行分区，然后对不同分区采取不同的设计暴雨强度公式计算，该方法比较适合资料较为完整的地区使用。

1. 两端有限对数正态分布

假设暴雨时间系列为 X，其上下限分别为 a 和 b，令 Y 为其转换系列，则有

$$Y = \frac{X-a}{b-X} \tag{6-8}$$

若 Y 服从对数正态分布，则暴雨系列数据 Y_i（$i=1,2,\cdots,N$）在常用的正态概率格纸上与概率 P 呈直线关系。

如上所述，$z=\ln Y$，则服从正态分布，密度函数为

$$\Phi(z) = \frac{1}{S_z\sqrt{2\pi}}\exp\left[-\frac{(z-\overline{z})^2}{2S_z^2}\right] \tag{6-9}$$

式中：S_z 和 $\overline{z}$ 分别为系列 z 的标准差和均值。

采用超定量取样获得的 N 个点来进行配线，则频率的计算公式如下：

$$P = \frac{n+1}{N+1}\cdot\frac{1}{T} \tag{6-10}$$

式中：n 为第 n 个数据。

对于指定的重现期 T，采用式（6-10）计算可得对应的频率，通过频率–概率线性关系计算，可得相应的 $z=\ln Y$，再通过式（6-8）反算得到设计暴雨值 x。

2. 广义指数分布

广义指数分布函数为

$$P = \exp\left[-h\left(\frac{x-a}{b-x}\right)^c\right] \tag{6-11}$$

式中：h 和 c 为大于零的待定参数。

由式（6-11）可得

$$\ln\frac{x-a}{b-x} = \frac{1}{c}\left[\ln(-\ln P) - \ln h\right] \tag{6-12}$$

通过在式（6-12）上任取两点 y_1、y_2 进行计算，可得

$$c = \frac{\ln(-\ln P_1) - \ln(-\ln P_2)}{\ln y_1 - \ln y_2} \tag{6-13}$$

当 $P=1/e$ 或 $\ln(-\ln P)=0$ 时，可获得对应值 y_0，计算可得参数 h。

通过式（6-12）和式（6-13）计算可以得到对应的设计暴雨值 x。

当前对暴雨频率分析的分布线型研究结果迥异，没有一种被公认为最合适的分布线型。因此，无论采用哪种分布线型进行城市设计暴雨频率分析，都会产生一定的误差。在进行城市设计暴雨频率分析时，需要与暴雨的选样方法、暴雨样本实际分布规律和暴雨强度公式有机结合，进行综合分析，才能提高城市设计暴雨的分析水平。

在选取合适的频率曲线分布模型后，需要对其涉及的参数进行估算，目前常用的城市设计暴雨频率分布曲线参数估算的方法有适线法、线性矩法、概率权重矩法和权函数法等。上述方法原理均是通过数据分析和统计学方法，计算得到频率分布曲线的参数，使得样本的经验分布与采用的理论分布曲线拟合度较高。但是，设计暴雨分布模型参数并不是简单的数学最优化问题，在求解时还需考虑与实际情况相结合及参数的物理意义。

6.2　设　计　洪　水

6.2.1　设计洪水概念

暴雨诱发的洪水灾害是山洪过程中对沿河居民生命财产、河道涉水工程及基础设施造成损害的主要自然力量。因此，对山丘区未来发生洪水进行科学估计，是保障地区防洪安全的重要前提。设计洪水是指为防洪等工程设计拟定的、符合制定防洪标准的、可能出现的洪水。设计洪水的内容包括设计洪峰、不同时段设计洪量、设计洪水过程线、设计洪水的地区组成和分期设计洪水等内容，通常根据工程特点和设计要求确定计算内容（郭生练 等，2016）。

当前，相关研究（芮孝芳和张超，2014；王国安，2008）一般把自然界洪水变化过程划分为确定性和不确定性两类现象。根据初始状态能确定其未来状态的称为确定性现象，不能确知其未来状态的称为不确定性现象。对于降雨经产流和汇流形成的流域出口断面流量或水位随时间的变化，可以利用物理规律和水文关系探究其动态变化规律，是一种确定性现象；对于由地球系统水文循环造成的洪水过程，无法完全揭示其影响因子，因而只能视为一种不确定性现象，可以用统计方法进行计算。

6.2.2　设计洪水计算方法

对具有随机独立性的洪水时间序列，可以通过水文频率计算得到超过概率制的分布函数，即频率曲线。对于设计洪水计算，可以按照已经确定的安全泄流量 q 计算求得事件 $\{Q_m \geqslant q\}$ 发生的概率为 $P\{Q_m \geqslant q\}$。上述概率为以一年为一次试验的洪水致灾率，表示在安全泄流量已定情况下每年发生洪水灾害的可能性，其倒数 $\dfrac{1}{P\{Q_m \geqslant q\}}$ 是发生事件 $\{Q_m \geqslant q\}$ 的平均间隔年数，称为致灾重现期。

依据洪水过程的偶然性和必然性，设计洪水计算主要分为两大途径：一是运用数理统计学的原理和方法推求制定频率设计洪水的频率分析法；二是运用水文气象学原理和方法推求暴雨和洪水过程的水文气象法（王国安，2008）。

1. 频率分析法

1）经验频率计算

《水利水电工程设计洪水计算规范》（SL 44—2006）规定频率计算中，在 n 项连续洪水系列中，按大小顺序排位的第 m 项洪水的经验频率 P_m，采用以下数学期望公式计算：

$$P_m = \frac{m}{n+1} \qquad (6\text{-}14)$$

在调查考证期 N 年中有特大洪水 a 个，其中 l 个发生在 n 项连续系列内，a 个特大洪水的经验频率为

$$P_m = \frac{M}{N+1} \qquad (6\text{-}15)$$

$n-l$ 个连续洪水的经验频率为

$$P_m = \frac{a}{N+1} + \left(1 - \frac{a}{N+1}\right)\frac{m-l}{n-l+1} \tag{6-16}$$

2）频率曲线计算

目前，国内外用于水文频率分析的线型已经有 10 余种，我国于 20 世纪 60 年代开始采用 P-III 型曲线，《水利水电工程设计洪水计算规范》（SL 44—2006）仍继续采用此型。其计算方法可以参考式（6-3）～式（6-7）关于降雨的 P-III 型频率曲线计算方法。

以四川省剑阁县剑阁流域为例，采用 P-III 型曲线适线的方法，对年径流量频率分析结果如图 6-3 所示。

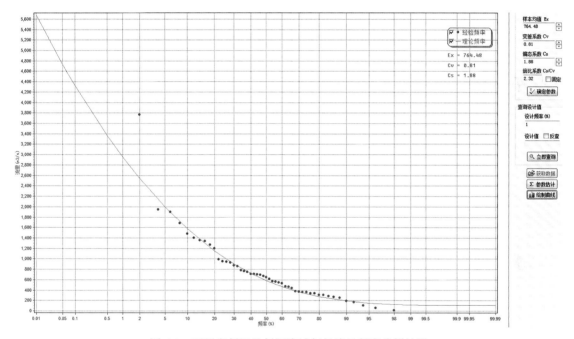

图 6-3　四川省剑阁县剑阁流域年径流量频率分析结果

图 6-3 显示 P-III 型曲线基本能够较好地拟合四川省剑阁县剑阁流域的流量序列，但是它外延得到的极值与实际存在一定差别。

2. 水文气象法

1）推理公式法

根据现行的《水利水电工程设计洪水计算规范》（SL 44—2006），小流域暴雨洪水多采用中国水利水电科学研究院陈家琦提出的推理公式：

$$Q_m = 0.278\left(\frac{S_p}{\tau^n} - \mu\right)F \tag{6-17}$$

$$\tau = 0.278\frac{L}{mI^{1/3}Q_m^{1/4}} \tag{6-18}$$

式中：Q_m 为设计洪峰流量（m^3/s）；τ 为汇流时间（h）；F 为流域面积（km^2）；I 为河道平均比降；L 为河长（km）；m 为汇流参数；n 为暴雨参数；μ 为损失参数；S_p 为设计频率的雨力。

在实际计算时，可以使用图解法、简单迭代法和牛顿迭代法分析计算设计洪峰及汇流时间。图解法通过绘制 $Q_m - \tau$ 和 $Q_m - t$ 关系曲线，两条曲线的交点即为所求的设计洪峰和汇流时间。简单迭代法和牛顿迭代法通过构造迭代函数和代入计算公式求解，当计算的设计洪峰与迭代值接近时为计算结果，牛顿迭代法相对简单迭代法求解有收敛快、迭代次数少、计算速度快等特点。

2）经验公式法

地区经验公式法认为在同一水文分区，影响洪峰流量均值的主要因素是流域参数（产流面积、流域形状参数、主河道平均比降）、下垫面特征（产流面积指数、综合经验参数）和降雨特征（多年平均暴雨量）。通过大量分析实测降雨和径流资料，可以确定不同地区经验公式的主要控制参数及其赋值范围，从而使用经验公式法对设计洪水进行计算。

3）综合单位线法

综合单位线法通过建立单位线要素与地理特征之间的关系，并根据地理特征推求单位线。综合单位线法是暴雨洪水资料短缺地区推求设计洪水的重要手段，主要包括综合经验单位线法和综合瞬时单位线法，分别对应时段单位线和瞬时单位线的地理综合应用。

洪水流量过程的时段单位线，实际是由单位时段的净雨量在出口断面产生的洪水过程流量在各时段的分配曲线，其线型一般属于铃形的正偏态曲线，可以利用数理统计学方法分析。推求时段单位线的基本方法主要有分析法和试错法，试错法需要事先人为地拟定若干条单位线，不仅烦琐而且难以实现单位线优选，同时，由于时段单位线是以离散的形式表示，无法进行调整和综合。因此，使用不同数学模型对时段单位线进行拟合，是综合单位线发展的主要方向。受中国南方湿润地区和北方干旱地区洪水过程特征影响，需要选用弹性大小、峰度高低和偏态大小便于控制的单位线，目前常用的时段单位线拟合曲线包括：第一、二贝塔函数，伽马函数和 P-III 型分配曲线。

流域水文过程响应是地貌扩散和水动力扩散对降落在流域上具有一定时空分布净雨作用的结果。其中地貌扩散的作用取决于流域的大小、形状和水系分布情况；水动力扩散作用与流域上的地形坡度和糙率分布有关。通过流域地形地貌参数定量流域水文响应是地貌瞬时单位线建立的理论基础。目前，对流域地貌瞬时单位线的研究已初步形成了两类研究途径：一是以河流分级理论为基础，借用统计物理学处理流域水流粒子宏观运动的方法来建立地貌瞬时单位线；二是以水系生成的随机理论为基础，通过水系链分布函数的建立来研究流域地貌瞬时单位线。

4）水文模型法

水文模型实际是用数学方法描述和模拟小流域水文循环过程，水文模型的产生是对区域水文循环规律研究的必然结果。常用的小流域设计洪水计算水文模型包括集总式和分布式两种：集总式水文模型将流域概化为一个整体，通常采用降雨、蒸发的变量的均值作为输入参数，以经验性概述的方法描述水文过程，不考虑降雨空间分布和下垫面变化等因素对降雨径流过程的影响；分布式水文模型考虑降雨和下垫面空间分布的影响机理，能更准确地描述小流域产汇流过程的变化，涉及的参数具有更明确的物理意义。

常用的小流域洪水计算模型（吴险峰和刘昌明，2002）信息见表 6-3。

表 6-3　常用的小流域洪水计算模型信息

模型名称	模型原理	适用性
SCS 模型	以水量平衡方程为基础，引入无量纲参数反映流域质地、土壤利用类型及前期土壤湿润情况的影响；汇流计算采用无因次单位线	湿润、半湿润、半干旱地区
水箱模型	以水箱的蓄水深度来控制流域的产汇流过程，出流和下渗是蓄水量的线性函数	应用性强、范围广，需多次反复洪水模拟确定
新安江模型	地表径流、壤中流和地下径流均以线性水库的方式计算，采用滞后演算法或马斯京根法进行河道汇流计算	湿润和半湿润地区
大伙房模型	产流模型采用双层入渗曲线扣损，汇流模型采用变强度、变汇流速度经验单位线	东北地区半干旱流域
TOPMODEL 模型	半分布式模型、利用单元网格地貌指数反映水文过程	湿润、半湿润半干旱地区
HEC-HMS 模型	产汇流过程分为产流计算、直接径流、基流和河道汇流独立过程计算	所需水文资料较少，对地形地质资料精度要求不高

6.2.3　洪水过程线推求

设计洪水过程线是指具有某一设计标准的洪水过程线，基于流量资料推求设计洪水过程线是当前推求设计洪水过程的重要途径。目前国内外设计洪水过程线推求方法（方彬 等，2007）可以按照获悉资料类别分为给定洪峰和洪量的设计洪水过程线推求和给定洪峰的设计洪水过程线的推求。

1. 给定洪峰和洪量的设计洪水过程线推求

基于实测洪峰和流量资料分析，可获得设计洪水的洪峰和流量的设计值，从而确定设计洪水过程线。常用的计算方法包括：克拉克和纳什单位线法、基于土壤保持局（Soil Conservation Service，SCS）综合三角形单位线法、基于两参数的贝塔分布概率密度函数法、典型洪水放大法。

克拉克和纳什单位线法假定线性水库的输入量是均匀的，而净雨时程分布不均匀，通过单位线概化计算获得设计洪水过程线。SCS 综合三角形单位线法将洪水过程线概化成三角形，比较适用于洪水形状影响不是特别重要的小流域设计洪水过程线的推算。统计方法采用伽马和贝塔分布的概率密度函数来表示洪水过程线的形状，通过密度函数参数赋值的变化来调节设计洪水过程线。典型洪水放大法通过选取洪峰和指定时段的洪水量，并按照洪峰和洪量频率相等的原则，推求设计洪水过程线。典型洪水方法是工程实际中最常用的方法。

2. 给定洪峰的设计洪水过程线推求

当给定设计洪峰时,可以使用降雨径流模型参数调解法、标准洪水过程线形状借用法和洪水过程形状综合概化模型法推求设计洪水过程线。

降雨径流模型参数调节法通过试验和调整参数,使得由降雨径流法得到的洪水频率曲线与基于流量资料的频率分析得到的洪水频率曲线相一致,再通过调整后的降雨径流模型计算得到设计洪水过程线。标准洪水过程线形状借用法根据设计暴雨雨深在其历时中的分配确定,然后通过借用标准洪水过程线形状确定设计洪水过程线。洪水过程形状综合概化模型法通过分析实测最大洪水过程形状来构建形状概化模型,从而推求设计洪水过程线。

6.2.4 设计洪水前沿问题

设计洪水的研究已有近百年历史,从初期简单分析计算发展成为含有丰富内容的研究和实践。尽管目前已经取得了丰富的成果和实践经验,但仍存在一些问题需要深入探讨。设计洪水前沿问题主要包括分布线型、参数估计方法、分期设计洪水、梯级水库设计洪水和无资料地区小流域设计洪水计算(郭生练 等,2016;肖义 等,2006)。

1. 分布线型

设计洪水频率分析不仅要对设计值在资料系列范围内进行内插,而且要对其进行外延,水文频率曲线实际上是一种外延或内插的频率分析工具。总体来说,水文变量的分布频率线型是未知的,选择的各类频率曲线在资料系列范围内适线效果较好,但在外延部分常常有较大的差别。因此,对频率曲线线型的选择十分重要。当前常用的频率分布线型多为上端无限型,但水文物理概念表明曲线是有上限的。在现有研究和技术水平下,线型的上限确定有难度,因此上端有限型曲线未得到采用。

经过多年的实践验证和分析比较,发现 P-III 型分布线型对于我国大部分河流的流量资料拟合较好。设计洪水频率分析一般选择 P-III 型曲线,但相关研究表明:当 $C_S/C_V < 2$ 时,其下限小于零,这与江河洪水现象特征不符;当 $C_S/C_V \geq 2$ 时,曲线的中下段变得较为平坦,难以与实测数据拟合好。因此,在工作中可根据实际需要选择其他线型。

2. 参数估计方法

频率曲线参数个数的选择需要根据实际情况决定,2 个参数计算容易,但适线弹性差;4 个或更多参数,在资料系列较短的情况下,估计高阶矩具有较大的抽样误差。因此,大多数情况进行频率分析时选择三参数分布线型。当频率分析线型选定后,需要进行频率分布参数估计。目前常用的方法有适线法、概率权重矩法、权函数法和线性矩法等。

适线法通常包括经验适线法和优化适线法两类:经验适线法能灵活综合各类信息,但拟合优度缺乏客观标准,任意性较大;优化适线法相对客观,遵守给定的经验频率公式和适线准则。概率权重矩法适用于分布函数的反函数为显式时的参数估计。权函数法实质是通过引进权函数,增加靠近均值部分的权重,减少两端部分的权重,从而增加拟合度。线性矩法在数学上与概率权重矩法等价,但其更易解释,使用更方便,其参数估计值偏差小且更稳健。

3. 分期设计洪水

分期设计洪水是指一年某个时段所拟定的设计洪水，分期的依据既要符合防洪设计标准，也要能反映洪水的季节性变化规律。分期设计洪水能够有限解决采用年最大设计洪水作为调度运行依据所带来的"汛期出现较大洪水被迫弃水"和"汛末蓄不满水"的缺点，分析设计洪水研究的核心内容主要包括汛期分期方法和分期设计洪水计算技术两方面。

分期的划定是进行分期设计洪水计算的基础，分期应当合理地反映设计流域洪水季节性变化规律，因此需要采用多种方法进行计算和比较分析，综合选择合理、可行的汛期分期方案。常用的分期方法主要有成因分析法、数理统计法、模糊分析法、分形分析法、变点分析法、系统聚类法和相对频率法等，上述方法的优缺点见表 6-4。

表 6-4　常用的分期方法的优缺点

分期方法	优点	缺点
成因分析法	结果合理，较高可靠性	工作量大，难以细分到日
数理统计法	简单实用	具有一定主观性，难以细分
模糊分析法	考虑汛期时间的模糊性	不适用多个分期
分形分析法	客观、经验和人为影响小	工作量大，分形依据不完善
变点分析法	客观、可靠，可细分到日	需较长实测径流和雨量
系统聚类法	避免单因子分析片面性	具有一定局限性，将非连时序时段归为一类
相对频率法	比较直观	分期划分粗略，精确到旬

我国现行的分期设计洪水计算方法基于分期最大值系列，假定分析设计洪水频率等于设计标准对应的重现期的倒数，采用单变量 P-III 型分布分析。上述方法计算的汛期分期设计洪水总体偏小，需要冒一定程度降低水库防洪标准风险才能应用成果。针对上述问题，国内外研究尝试采用全概率公式法和联合分布法进行分期设计洪水计算。全概率公式法假设各分期的年最大洪水相互独立，采用分期年最大值抽样，通过全概率公式建立年最大洪水与分期年最大洪水的关系式，提出分期设计洪水计算方法，上述分期抽样可能导致非主汛期因样本容量少造成分析结果不可靠。联合分布法采用分期最大值取样，通过 Copula 函数构造分期最大洪水联合分布，假定联合重现期等于防洪标准，推求分期洪水设计值，上述结果计算组合较多，对科学合理设计值的选择是计算中的难点。

4. 无资料地区小流域设计洪水计算

设计洪水一般采用流量或雨量资料进行推算，但我国水文站网密度小，很多河流上没有足够数量和观测时间水文站，造成水文资料获取存在诸多盲点。尤其在山丘区小流域，往往缺乏足够的，甚至全无暴雨洪水资料。因此，研究无资料地区小流域设计洪水的计算方法对山洪灾害防治研究具有重要的意义。

当前无资料小流域设计洪水计算通过采用两种途径：由雨量资料推求法和由流量资料推求法。由雨量资料推求设计洪水在整体思路和流程遵循：先推求设计暴雨，做净雨分析，通过流域汇流得到流量过程线（王克平 等，2008）。我国由雨量资料推求无资料地区小流域设计洪水一般通过查阅各地区设计暴雨洪水图集获得设计暴雨历时及设计雨量，产流计算采用降雨–径流相关图法，汇流计算采用单位线法、推理公式法和地区经验公式法。由流量资料推求无资料地区小流域设计洪水主要包括超定量系列法、流域特征值法、区域回归法和区域影响法等。

6.3 洪水演进

6.3.1 洪水演进概念

洪水演进计算是根据不同设计标准的洪水流量及河道相应的水力和边界条件，推求河道的行洪水面线，评估河道的行洪能力。洪水演进计算主要是解决河道中的洪水变形问题，天然河道洪水沿程传递、水库下泄洪水沿河传播都属于洪水变形的性质，洪水变形的结果导致了河道行洪水面线的沿程变化。为了防御洪水的侵袭，减小洪水造成的危害，疏导洪水运动的路径，研究洪水演进规律十分必要（李大鸣 等，2009）。

流域洪水模拟主要包括流域水文过程模拟和河道洪水演进数值模拟两部分，一般采用水文学方法解决流域产流的问题，而水力学方法则用于解决洪水演进问题（李光炽和王船海，2005）。因此，水文模型的输出可以作为洪水演进模型的输入，形成了水文学和水力学模型的耦合。基于水动力学的河道洪水演进数值模拟是掌握洪水演进规律的重要方法，也是进行防洪保护区洪水风险分析的重要途径。河道、滞洪区洪水演进计算的难点在于对洪水运动的连续过程和多方向洪水遭遇产生的相互影响进行研究，尤其是滞洪区内铁路、公路、河流、堤防、水闸等各种防洪搓齿的使用，对适用于河道计算的数值模拟方法提出了新的要求。

6.3.2 洪水演进数学过程

由于山区洪水暴涨暴落，坡陡流急，水流的非恒定特性十分明显，一般采用基于圣维南方程组的水动力学模型对洪水演进过程进行计算。常用的洪水演进数学模型包括一维非恒定流方程和二维非恒定流方程，两者分别针对河道和滞洪区洪水演进过程进行模拟。一维方程能够反映单一河道洪水波运动特性，计算量小；二维方程针对滞洪区的复杂地形和防洪工程情况，形成与之相适应的洼淀地面型网格，充分考虑铁路、公路、河流、堤防、水闸和各种防洪措施的综合影响（张防修 等，2014）。

1. 一维水流模拟

描述一维水流运动（谢作涛 等，2005）的圣维南方程组为

$$\begin{cases} B\dfrac{\partial Z}{\partial t}+\dfrac{\partial Q}{\partial x}=q \\ \dfrac{\partial Q}{\partial t}+\dfrac{\partial}{\partial x}\left[\dfrac{\alpha Q^2}{A}\right]+gA\dfrac{\partial Z}{\partial x}+gA\dfrac{|Q|Q}{K^2}=qV_x \end{cases} \qquad (6\text{-}19)$$

式中：q 为旁侧入流；Q,A,B,Z 分别为河道断面流量、过水断面面积、河宽和水位；V_x 为旁侧入

流流速在水流方向上的分量；K 为流量模数；α 为动量校正系数。

2. 二维水流模拟

描述二维水流运动（张防修 等，2014；刘玉玲 等，2010）的浅水波方程为

$$
\begin{cases}
\dfrac{\partial Z}{\partial t}+\dfrac{\partial U}{\partial x}+\dfrac{\partial U}{\partial y}=0 \\[2mm]
\dfrac{\partial U}{\partial t}+u\dfrac{\partial U}{\partial x}+v\dfrac{\partial U}{\partial y}+gh\dfrac{\partial Z}{\partial x}+gU\dfrac{\sqrt{u^2+v^2}}{c^2h}-c_w\left|\boldsymbol{W}\right|W_x-fV=\upsilon\nabla^2 U \\[2mm]
\dfrac{\partial V}{\partial t}+u\dfrac{\partial V}{\partial x}+v\dfrac{\partial V}{\partial y}+gh\dfrac{\partial Z}{\partial y}+gV\dfrac{\sqrt{u^2+v^2}}{c^2h}-c_w\left|\boldsymbol{W}\right|W_y+fU=\upsilon\nabla^2 V
\end{cases}
\tag{6-20}
$$

式中：x,y,t 为平面坐标和时间；Z,u,v 分别为水位、沿 x 方向上的流速和沿 y 方向上的流速；h 为水深，且 $h=Z-Z_d$，其中 Z_d 为河床高程；υ 为紊动扩散系数；U 和 V 分别为沿 x 和 y 方向的单宽流量，且 $U=uh,V=vh$；c_w 为风应力系数；$|\boldsymbol{W}|$ 为风速矢量；f 为柯氏力系数；g 为重力加速度。

6.3.3　洪水演进计算方法

洪水演进计算可以归结为对一维水流运动的圣维南方程和二维水流运动的浅水波方程的求解过程（张防修 等，2014）。由于上述方程均为非线性偏微分方程，只有在特定条件下，其一维情况才有理论解析解，而一般情况下很难得到，需要采用数值方法来求解。常用的数值解法包括有限差分法、有限元法、有限体积法和时空守恒元和解元方法（张防修 等，2014；刘玉玲 等，2010；张永祥和陈景秋，2005），各方法计算原理如下。

1. 有限差分法

有限差分法（finite difference method）的基本思想是把问题的定义域进行网格划分，然后在网格点上按适当的数值微分公式将定解问题中的微商转化为差商，从而把原问题离散化为差分格式并求解。有限差分法具有简单、灵活及通用性强等特点，易于实现。但在使用有限差分法时，需研究差分格式的解的存在性和唯一性，解的求法、解法的数值稳定性，差分格式的解与原定问题的真解的误差估计，差分格式解的收敛性等问题。

2. 有限元法

有限元法（finite element method）的基本原理是将连续的求解域离散为一组单元的组合体，用每个单元内假设的近似函数来分片表示求解域上待求的未知场函数，近似函数通常由未知场函数及其导数在单元各节点的数值插值函数来表达。从而使一个连续的无限自由度问题变成离散的有限自由度问题。有限元法通常包括剖分、单元分析和求解近似变分方程三个步骤。

3. 有限体积法

有限体积法（finite volume method）的基本积分形式为守恒方程，将计算区域划分为一系

列不重复的控制体积,每一个控制体积都有一个节点作代表,将待求的守恒型微分方程在任一控制体积及一定时间间隔内对空间与时间作积分。对待求函数及其导数对时间及空间的变化型线或插值方式做出假设,并对各项按选定的线型做出积分并整理成一组关于节点上未知量的离散方程。

4. 时空守恒元和解元方法

时空守恒元和解元(space-time conservation element and solution element,CE/SE)方法把时间与空间完全统一同等对待,并从守恒积分型方程出发,通过设立守恒元和解元,使局部和全局都严格保证物理意义上的守恒律。上述方法把流场变量及其空间导数均作为变量同时求解,这样与传统的差分格式相比,在相同的网格点数的情况下,其格式精度可以达到更高,同时更便于精确地满足边界条件。

6.3.4 洪水演进计算研究热点

由于中国山区大部分天然河流断面形态不规则,表现为比较复杂的复式断面,同时,滞洪区复杂地形和防洪工程形成多点面衔接的模型网络,因此,设计研究计算过程复杂,其研究的热点问题如下。

1. 二维溃坝洪水波问题

大坝溃决后的洪水波对滞洪区和下游造成很大危害,对溃坝洪水过程进行精准模拟可为防汛抗洪提供依据。溃坝所造成的洪水波是前进长波,具有很强的非线性特征,在数学表达上,局部溃坝造成的洪水波流动通常用二维圣维南浅水波方程描述。

洪水演进中的二维溃坝计算主要针对溃坝坝址的流量和水位过程线,以及下游洪水演进过程中沿程各处的流量、水位、流速、波前和洪峰到达时间等参数的计算,最终可以归结为控制水流运动的双曲型偏微分方程组的有间断问题求解(刘玉玲 等,2010)。由于上述水流运动过程涉及分离涡、激波等复杂流场运动过程,需要采用多种数值方法进行方程求解:高精度数值模拟法首先应用差分算子分裂法剖分方程,再采用有限体积法积分方程,结合全差变递减(total variation diminishing,TVD)格式求解方程;CE/SE 方法基于守恒元和解元划分方法,用不同阶泰勒级数展开的函数逼近原函数,最后进行联立求解。

2. 一维、二维耦合数学模型

采用全二维模型对长河段的防洪保护区洪水研究过程进行计算,会面临网格数量大、时间步长小和计算效率低等问题。因此,将河道及防洪保护区的洪水演进分别概化为一维、二维问题,并将河道一维和防洪保护区二维模型进行侧向型耦合求解,既可反映溃堤及漫堤洪水的二维淹没特征,又可有效减少网格数量,提高模型计算效率。

从空间分布上来看,一维、二维模型耦合主要包括纵向耦合和侧向耦合,现有研究以纵向耦合为主。纵向耦合也称边界搭接耦合,一维、二维计算域在各自的边界处实现搭接耦合,一个模型产出数据作为另一个模型的输入,两模型相互提供边界条件,因此,一维、二维边界耦合的处理方法为计算和研究的重难点。常规的一维–二维模型的耦合方法主要包括重叠计算区域法、边界迭代法、基于堰流公式的水量守恒法及基于数值通量的水量和动量守恒法等（张防修 等，2014）。

3. 洪水演进可视化仿真

洪水演进可视化仿真技术利用空间信息软件的空间数据分析与处理功能，通过建立三维河道、蓄滞洪区的数字地形模型（digital terrain model，DTM）和对洪水演进的堤防、水流、交通道路、企业、村庄和农田等实物进行参数化和建立三维洪水演进数字模型。可以实现洪水演进全过程的可视化动态仿真和信息管理，直观地展示不同防洪方案洪水淹没的过程，并支持洪水演进过程中蓄滞洪区不同时刻和信息的实时查询，以便为防洪减灾决策制定提供技术支撑，最大程度地减少洪水灾害造成的经济损失（张行南和彭顺风，2010；阎俊爱，2008；袁艳斌 等，2002）。洪水演进动态可视化仿真过程十分复杂。首先要生产可供洪水演进的河道三维电子地图；其次要监测和收集区域雨情、水情等信息，对其发展趋势进行预测和预报；最后根据建立的河道、蓄滞洪区洪水演进数学模型和动态可视化模型进行不同方案的可视化仿真模拟，比选方案优劣来确定最佳的分洪方案。

6.4　水位–流量关系

6.4.1　水位–流量关系特征

水文–流量关系曲线的确定是水文学的经典问题。通过能够简单观测到的水位去推求流量，或者通过预报的洪水流量来推求水位，既可以达到预报洪水位的目的，也可以为山洪灾害致灾过程中确定洪水淹没范围的重要参考依据。水工建筑物上、下游水位–流量关系计算是所有水利水电工程设计需要解决的课题，也是保障工程设计安全和经济合理的重要前提。系统地了解水位–流量关系及河道水面线的特性，以及它的可靠计算和选用方法，能够最大限度地达到洪水淹没风险和水利工程建设耗资的均衡。

水文–流量关系曲线的确定是一个复杂的问题（门玉丽 等，2009）。水文观测资料表明：河道中断面的水位与流量的关系都不是单一曲线，而是一对多对应的曲线族。对同一场洪水过程来说，涨水期受下游河道槽蓄作用影响，水位升高滞后于流量的增加，造成水位偏低；退水期因下游河道槽蓄作用，使水位下降滞后于流量减少。因此，每次洪水过程的水位–流量关系是流量与水位双值对应的"绳套"状曲线，"绳套"的位置和张开度同时受洪水特性和前期水位条件影响。

6.4.2　水位–流量关系推求方法

在实际工作中，受观测资料的限制，水位–流量关系曲线推求一般使用一维圣维南方程组（门玉丽 等，2009）

$$\begin{cases} \dfrac{\partial A}{\partial t} + \dfrac{\partial Q}{\partial x} = 0 \\ \dfrac{\partial Q}{\partial t} + u\dfrac{\partial}{\partial x}(Qv) + gA\dfrac{\partial h}{\partial x} - gAS_0 + gAS_f = 0 \end{cases} \quad （6\text{-}21）$$

式中：A 为断面面积；t 为时间；Q 为流量；x 为流程；h 为断面平均水深；v 为断面平均流速；S_0 为河道比降；S_f 为摩阻比降；g 重力加速度；$\dfrac{\partial h}{\partial x}$ 为附加比降。

1. 一维恒定均匀流

对于无旁侧入流的一维恒定均匀流，动量方程（6-21）前三项均为 0，流速可采用谢才公式和曼宁公式计算为

$$Q_0 = Av = AC\sqrt{RS_0} = K\sqrt{S_0} \quad （6\text{-}22）$$

式中：C 为谢才系数；R 为河槽断面的水力半径；Q_0 为稳定流状态下的流量；K 为流量模数。

对于宽浅型棱柱河道中的恒定均匀流，河槽断面的水力半径约等于断面平均水深，且断面平均宽度与平均水深呈线性关系，则断面流量为

$$Q_0 = Av = A \cdot \dfrac{1}{n} h^{2/3} S_0^{1/2} = \dfrac{1}{n} a h^{8/3} S_0^{1/2} \quad （6\text{-}23）$$

式中：n 为曼宁糙率系数；a 为河道宽深比。

2. 一维非恒定流

当河道内的水流是一维非恒定流时，水位流量关系呈逆时针方向的绳套曲线关系，在动量方程（6-21）中只能省略前两项，采用扩散波方程描述洪水运动。推导的水位–流量关系曲线理论函数为

$$\begin{cases} Q = \dfrac{1}{n} \cdot a \cdot h^{8/3} \cdot \sqrt{S_0 - \dfrac{\partial h}{\partial x}} \\ H = H_0 + \left[\dfrac{nQ}{a} \cdot \left(S_0 - \dfrac{\partial h}{\partial x} \right)^{-0.5} \right]^{3/8} \end{cases} \quad （6\text{-}24）$$

式中：H_0 为河底高程。

6.4.3 水位–流量关系拟合优化

对于给定的水位和流量数据，可以采用多种数学方法进行水位–流量关系拟合，但由于受变动回水与洪水涨落等因素的影响，数据本身不一定可靠，个别数据误差较大。因此，水位–流量关系拟合过程实际上是从一堆杂乱无章的数据中找出规律，构造一条能够较真实反映天然河道水位–流量关系的曲线。常用的构造水位–流量关系式的类型包括幂指数型和多项式型。针对上述函数，可采取多种数学方法对水文–流量关系进行拟合计算（李中志，2008）。

1. 最小二乘法

最小二乘法是传统的最优化设计方法之一，它假定水位和流量为多项式关系，将参数拟合

问题归结为多元函数的极值问题,通过求导的方式求出多项式的系数。上述方法简易可行,假定的多项式关系图形与大部分观测站水文特性相符,但其率定得到的函数与曼宁公式形式不同,不具有具体的物理意义。

2. BP 神经网络

BP 神经网络方法又称反向传播网络(back-propagation network),是将 W-H 学习规则一般化,对非线性可微分函数进行权值训练的多层网络化,通过"感知单元输入层–多层计算节点隐藏层–计算节点输出层"的形式构建网络结构信号流程,通过前向和反向迭代计算直至满足停止规则。神经网络具有很好的非线性处理能力、良好的容错性和自适应学习能力,理论上能够逼近任何有理函数,但是其在训练过程中具有较强的不确定性,具有收敛慢、训练时间长的缺点。

3. 禁忌搜索算法

禁忌搜索算法(taboo search)是一种启发式全局逐步寻优搜索算法,它与局部优化算法相比陷入局部极小值的概率较小,因此具有更强的全局搜索能力,在复杂和大型问题上具有独特效果。禁忌搜索算法的基本思想是在假设解领域中搜索一个初始局部解作为初值,以上述初值为起点在解领域中搜索最优解,同时设置一个记忆近期操作的禁忌表,避免与初始值的重复。

4. 免疫进化算法

免疫进化算法(immune evolutionary algorithm)是一种处理一般非线性模型拟合问题的优化方法。上述算法根据生物免疫系统的机制进行设计,其核心思想是在进化过程中一旦发现最优个体,在兼顾群体多样性的同时进行个体大量繁殖,从而产生问题的最优解。不要求模型参数优化估计问题提供可导、连续、可线性化等信息,而是利用目标函数值的信息进行多点自调节寻优,同时它的收敛性也在理论上得到验证,因此该方法具有广泛的适用性。

5. 蚁群算法

蚁群算法(ant colony system)的思想源于离散型最优网络路径搜索问题。蚁群算法首先需要预设算法的参数及解空间的分区数,随后通过特定的概率规则进行转移或者局部搜索,通过计算和存储已搜索到的目标函数最大值向量,更新各区域吸引强度来计算最佳值。上述方法相较从一个初始值出发寻优过程具有明显的优越性和稳定性,且不受优化函数非线性、连续性、可微性、多极点等因素的限制,在多维问题优化上具有一定的优越性。

6. 自适应加速遗传算法

自适应加速遗传算法(adaptive accelerative genetic algorithm)主要包括变量取值范围二进制数编码、初始化、个体评价、选择运算、自适应杂交运算、自适应变异运算、进化迭代和加速搜索运算 8 个步骤。通过加速循环,使优秀个体的变化区间逐步调整和收缩,直到最优个体的目标函数值小于某一设定值或算法运行达到预定加次数,计算结果为最优解。上述方法可以解决传统遗传算法中的计算量大、对变量取值范围大小变化适应性较差、在进化后期搜索效率较低及易发生过早收敛等问题。

6.5 预 警 指 标

6.5.1 山洪灾害预警指标

山洪灾害主要是降雨引起的溪河洪水、滑坡、泥石流等灾害,山洪灾害预警指标是监测预警重要的基础工作和关键环节。对于溪河洪水灾害来说,当前主要采用的预警指标包括雨量和水位。山洪灾害预警指标的确定是开展山洪灾害防治和非工程措施建设工作的依据。

6.5.2 雨量预警指标

雨量预警指标是指在一个流域或区域内,降雨量达到或者超过某一量级和强度时,该流域或区域发生山洪灾害,这时的降雨量和降雨强度作为雨量预警指标。按照雨量预警指标的技术原理将推求方法分为数据驱动的统计归纳法和基于灾变物理机制的水文水力学方法(程卫帅,2013)。

1. 统计归纳法

对于有降雨资料地区的临界雨量计算,主要有面雨量推求法和单站临界雨量法。面雨量推求法采用滑动平均的方法计算目标区域内历次山洪灾害对应的时段最大面平均雨量,然后取面平均雨量的最小值作为区域临界雨量初值,从而构成区域临界雨量区间,上述方法适用于雨量网站密度较小的区域,但只能做出大致估计。单站临界雨量法采用滑动平均的方法得到单个站点与历次山洪灾害对应的不同时段最大雨量,其中的最小值作为站点的临界雨量初值,上述方法比面雨量推求法精度高,且预警信息可以针对小流域进行发布。

对于无资料或资料不足地区的临界雨量计算,可以根据实际情况选择计算方法:当区域内有实测降雨资料系列雨量站覆盖大部分地区时,可采用内插法推求临界雨量;当区域内无资料或实测资料很短时,可选择相似区域采用比拟法进行计算;当目标区域无资料、但可通过调查获得雨量资料时,可采用灾害实例调查的方法来推求临界雨量;当目标区域无资料、但通过调查可以获得灾害发生数量而无对应雨量资料时,可采用灾害与降雨频率分析来推求临界雨量。

2. 水文水力学方法

水文水力学方法以山洪成灾的水文学和水力学过程为基础,对灾害、降雨、下垫面条件、径流和河道特性均有相应要求。水文水力学方法推求临界雨量首先要确定引发山洪灾害的临界流量(水位)和推求对应的不同历时的临界径流(净雨),随后建立不同土壤饱和度条件下的降雨–径流关系,从而依据临界径流(净雨)来推求临界雨量。

常用的水文水力学方法包括临界径流推求法和降雨–径流关系推求法。临界径流推求法的关键是确定临界流量(水位),然后通过水文学原理计算对应的雨量作为临界值,在实际工作中,通常将目标断面的平滩流量作为临界流量,根据地貌瞬时单位线法或综合单位线法计算得到临界径流。降雨-径流关系推求法则是根据不同典型土壤饱和度下的降雨-径流关系来计算不同历时的临界雨量,降雨-径流关系通常利用水文模型进行推求,常用的水文模型包括物理模型、概念模型和数据驱动型模型等。

6.5.3　水位预警指标

对于以溪河洪水为主的山洪沟,通常采用水位预警指标进行预警,水位预警具有物理概念直接、可靠性强、使用范围广等优势,尤其适用于支沟主沟汇流洪水顶托,流域内有调蓄工程、地下河或雪山融水等山洪预警,同时配合其他类型的预警设备还可以对强行涉水过河、漂流、河边宿营等起到警示作用。

水位预警指标的确定通常从基本地形测量开始,从基本水尺右侧测量至左侧,途径断面主槽、滩地和居民区,生成基本断面平面图,通过对居民地、滩地高程分析确定水位预警指标。当前关于水位预警指标研究较少,对于加强水位预警工作提出 4 点建议:①简易水文站增加报警功能,形成一体化简易水位报警器;②调整水位报警器布设原则,按照河流长度 10～20 km进行布设;③根据下游保护对象分布与水位站预警区间范围,确定上游水位站预警指标;④在年降雨量高、沿河村落集中区域,增加配置水位报警器,形成雨量预警和水位预警互补的体系。

第 **7** 章

长江流域山洪灾害防御体系构建

　　本书所描绘的山洪灾害防御体系,是指人们为减轻或消除山洪灾害带来的损失,在统一的防治理念指导下,针对山洪灾害的发育类型及不同防御方法和手段的特点,而采取的一系列优化组合形式,从宏观到微观尺度又可分为区域或面上的防御对策设计与具体小流域的防御体系,建立两个层面的内容,分别对应要素风险评估与过程风险评估的应用特点与支撑范围。由于《全国山洪灾害防治方案》明确了我国"以防为主""以非工程措施为主,工程措施与非工程措施相结合"的防治理念,本章也将在这一指导思想下,从长江流域山洪灾害的宏观防御对策和微观防御体系两个层面分别开展介绍。

7.1　宏观防御对策

　　长江流域自然地理环境跨度极大,不同地区的降雨、地形和下垫面条件差异显著,需根据各个地区的山洪发育特点和人口、资产配置情况,采取针对性的防御对策。基于已有的要素风险评估,我们已经掌握了长江流域不同地区的风险度分布格局,这一信息为有限的山洪防御资源的合理配置提供了重要参考。但是仅仅依靠此类结果还不足以完成对策设计工作。

　　依据《全国山洪灾害防治规划》,我国山洪灾害防治坚持以防为主的基本方针,而监测预警措施是国际公认的预防山洪灾害的重要手段,然而系统而可靠的监测预警体系对于相关设施的布设有非常苛刻的要求,换言之,并不是所有的山洪沟都有条件安装完备的监测预警系统,且即便有了相对完善的监测预警系统,山洪过程的复杂性和不确定性也会增加山洪预报预警的难度,部分国家和地区甚至认为山洪灾害属于不可预警的范畴。因此,在进行区域山洪防御对策设计时,有必要重点考虑现有技术水平条件下的山洪监测预警能力。据此,本节引入山洪灾害可预警性分析,用于反映不同地区山洪灾害的特点及预警难易程度,并结合之前的风险评估与现状分析结果,进一步开展宏观防御对策设计工作。

7.1.1　长江流域山洪灾害的可预警性

　　山洪灾害作用的时空尺度小、强度大,一旦发灾容易造成重大损失,且过程的影响因素众多、不确定性极高,采用一般的监测设施和预警密度往往难以取得理想的预报预警效果。但是,随着3S技术、计算机、雷达、传感器、无线通信等先进技术的日新月异和推陈出新,过去难以监测和预警的自然威胁也可能因为相关条件的改善而得到有效的规避。

　　山洪灾害监测预警一直是国内外防灾减灾研究的热点问题,然而以往研究大多围绕具体预报预警方法和预警体系建设展开,缺乏对山洪灾害预警难易程度的细致考虑。明确预警难易对于科学制定不同地区、不同类型山洪的防御对策有积极意义,是客观了解当下区域山洪灾情的一个重要环节。据此,本节将对长江流域山洪灾害预警相对难易程度展开系统研究,以期为区域山洪灾害防御对策研究提供基础资料,最终为有效减少或避免山洪灾害导致的人员伤亡、财产损失和生态环境的破坏提供支持。

　　众所周知,一项目标达成的难易程度往往需要限定在一定的技术水平条件之下。在人们对山洪过程还未有系统的监测和研究之前,只能凭声音、水势等土法预警,效果的不确定性可想而知。现代物理学、测绘学和计算机技术的革新，使得人们可以相对稳定地通过雨量、云场、风场、水位、土壤湿度等指标的持续监测来进行山洪预警。诚然，就目前已有的技术储备而言，只要有足够的资金和技术支持，人们完全可以做到"一沟一策""逐沟预警"的程度，但这对于当下长江流域的社会经济发展水平来说，是一个极为沉重的负担。目前，长江流域大部分易发山洪的小流域仍以雨量筒、水位尺等手动式的点型水、雨情监测设施作为主要的山洪监测预警设备，预警阈值使用的多是经验土法。在这一技术背景下，绝大部分由降雨引发的山洪理论上都可以预警，只是预报预警的精度和时效方面会有差异，如果以山洪监测预警的便利度和可靠性作为预警难易程度的判别标准，则剔除具体技术层面的作用，影响山洪预警难易程度的宏观因素至少有以下三个方面。

一是致灾过程类型，即山洪发灾的过程特征。山洪灾害是由山洪暴发带来的危害，包括溪河洪水及其引发的滑坡和泥石流。溪河洪水作为雨致山洪最为常见的表现形式，其典型特征是饱含沙石和漂流物的牛顿体洪水，对承灾体的破坏方式主要是冲击和淹没；溪洪–滑坡（崩塌、崩岸）是在溪河洪水冲蚀的基础上诱发的河岸土体、岩块或沟内坡积物沿滑动面发生整体滑动的过程，对承灾体的破坏有慢性滑坡导致的建筑物开裂损毁，以及瞬时的掩埋、跌落等。而山洪引发的泥石流则是在降雨激发并伴有松散土体的基础上，进一步发育的以水力和重力共同驱动的固、液、气多相混合物，其致灾机制主要是冲击和淤埋。就监测预警的难度来看，溪河洪水虽然一般也有大量杂质，但过程相对单一、流态比较稳定，激发因子主要是降雨，监测预警难度较小；而以灾害链形式出现的滑坡、泥石流则是在溪河洪水过程的基础上又有叠加次生过程，涉及的发育要素更多、发生机制更为复杂，监测预警难度要大得多。

二是设备布设、使用和维护的难易程度。监测设备、设施的布设、使用和维护能力直接影响山洪监测预警效能的正常发挥。经济发达地区由于较好的经济条件，在监测预警站网建设及设备使用维护方面的投入往往超过全国平均水平，反之经济欠发达的地区由于资金配套的限制，除去国家投资以外用于监测预警站网建设及设备使用维护的资源有限，理论上山洪灾害预警困难更大。此外，平原地区监测预警系统布设难度小，投资少；而山区则相反，开展山洪灾害监测预警系统建设的县大多地处偏僻、地广人稀、气候条件恶劣，监测预警设备投资大、维修难、损坏老化快，直接或间接地影响山洪灾害预警效果。由此从预警设施设备投入使用和维护角度考虑，区域经济和自然条件是影响山洪灾害预警难度的两个重要因素。

三是山洪形成的地理环境特征，特别是下垫面条件的复杂性。下垫面条件为山洪灾害的形成提供基本的环境条件，影响着山洪灾害的类型及规模。山洪灾害易发地区的地形往往山高、坡陡、谷深，切割深度大，侵蚀沟谷发育，其地质大部分是渗透强度不大的土壤，一遇到较强的地表径流冲击时，容易形成山洪灾害。山丘地区过度开发土地，或者陡坡开荒，或工程建设对山体造成破坏，改变地形、地貌，破坏天然植被，乱砍滥伐森林，失去水源涵养作用，均易发生山洪。由此，在下垫面条件复杂性高的地区，引发山洪过程的机制可能更为复杂，预警难度更大。下垫面条件复杂性影响因素较多，主要有地形、岩性、土地利用（植被）、土壤等四个方面，地形因素在设备投入使用维护环境方面已考虑，这里不再重复。

1. 山洪灾害预警难度评价指标体系建立

依据前述内容，山洪灾害预警难易程度评价基本的一级指标包括"山洪致灾过程类型"

"下垫面复杂性"和"设备布设、使用和维护环境"三个方面,其中"山洪致灾过程类型"依不同地区三种类型灾害的规模和频度又可划分为"溪河洪水规模频率"、"溪河洪水–滑坡规模频率"和"溪河洪水–(滑坡)–泥石流规模频率"三类二级指标;"下垫面复杂性"主要从岩性、土地利用、土壤类型三个方面来考察区域要素的异质性,地形因素之于下垫面也很重要,但考虑到其在"设备布设、使用和维护环境"中也是重要的因子,这里不再重复列入;"设备布设、使用和维护环境"主要考虑了地形和经济发展水平两个维度,其中前者由地形起伏度表示,后者由人均 GDP 表示。具体指标见表 7-1。

表 7-1　预警性分析指标体系

一级指标	二级指标	说明
山洪致灾过程类型	溪河洪水规模频率	过程单一,预警相对容易
	溪河洪水–滑坡规模频率	过程一般较缓,预警难度居中
	溪河洪水–(滑坡)–泥石流规模频率	过程最为复杂,预警难度最大
下垫面复杂性	岩性分布异质性	
	土地利用异质性	类型越多样,下垫面条件越复杂,预警难度越大
	土壤类型异质性	
设备布设、使用和维护环境	地形起伏度	地形起伏度越大,到达难度越高,预警难度越大
	人均 GDP	经济条件越差,设备维护环境越差,预警难度越大

因为本节使用了多种数据源,它们有不同的量纲,不具备可比性,所以在正式评价之前,必须对数据进行标准化处理。数据的标准化处理有很多的方法,如总和标准化、标准差标准化、极大值标准化等。本节利用极差标准化对数据进行标准化,使标准化后的数据统一在 0~1 的范围内。

具体操作如下。

对于正向的评估指标,采用以下公式进行标准化处理:

$$X'_{ij} = (X_i - X_{min})/(X_{max} - X_{min}) \tag{7-1}$$

对于负向的评估指标,采用以下公式进行标准化处理:

$$X'_{ij} = (X_{max} - X_i)/(X_{max} - X_{min}) \tag{7-2}$$

式中:X'_{ij} 为 i 个对象第 j 项指标的评价值;X_{max} 为第 j 项指标的最大标准值;X_{min} 为第 j 项指标的最小标准值。

2. 山洪灾害预警难度评价指标的提取与量化

1) 设备布设、使用和维护环境

(1) 地形起伏度

地形起伏度也称地势起伏度、相对地势或相对高度,是指地表某一区域内最高点与最低点的高差,能够反映宏观区域地表起伏特征,是地貌类型划分的重要指标。研究区的地形起伏度是基于 NASA SRTM 提供的 90 m 分辨率 DEM 数据提取的。本节采用移动窗口分析法提取研

究区的地形起伏度,可用如下公式表示:

$$H = h_{ij\max} - h_{ij\min} \quad (i = 1, 2, 3, \cdots, n;\ j = 1, 2, 3, \cdots, n) \tag{7-3}$$

式中:H 为区域内地形起伏度;$h_{ij\max}$ 为分析区域内高程最大值;$h_{ij\min}$ 为分析区域内高程最小值。

移动窗口分析法是 GIS 栅格数据分析的一种基本方法,是指对于栅格数据系统中的一个、多个栅格点或全部数据,开辟一个有固定分析半径的窗口,并在该窗口内进行如极值、差值、均值等一系列的统计计算,或与其他层面的信息进行必要的复合,从而实现栅格数据有效的水平方向扩展分析。根据地形起伏度的定义,计算地形起伏度的关键在于分析半径的选取。分析半径过小,也就是在某一确定的很小的面积范围内,地形相对平坦,因而地形起伏度很小。随着分析半径的增大,地形起伏度也会随之增加。当分析半径增加到一定程度(覆盖整个山体)时,地形起伏度就不会再发生变化。因此,选取的分析半径过大或者过小,计算得到的地形起伏度都不能较好地反映真实的地表变化。

利用 ArcMap 中的空间分析(spatial analysis)模块中的邻域分析工具(neighborhood statistics)计算出网格单元 $n \times n$ ($2 \times 2, 3 \times 3, 4 \times 4, \cdots, 25 \times 25$)与地形起伏度的关系(表 7-2),可知最大地形起伏度值起初随着网格单元面积的增大而迅速增大,当达到一定的阈值时其增大的趋势逐渐平缓,在网格单元面积达到一定的值时,最大起伏度值不再发生变化。

表 7-2　研究区网格单元与地形起伏度的关系

网格单元	面积 /10^4 m^2	平均起伏度/m	网格单元	面积 /10^4 m^2	平均起伏度/m	网格单元	面积 /10^4 m^2	平均起伏度/m
2×2	3.24	22.97	10×10	81.00	172.62	18×18	262.44	272.55
3×3	7.29	45.34	11×11	98.01	187.05	19×19	292.41	283.08
4×4	12.96	66.82	12×12	116.64	200.82	20×20	324.00	293.28
5×5	20.25	87.20	13×13	136.89	213.98	21×21	357.21	303.17
6×6	29.16	106.40	14×14	158.76	226.60	22×22	392.04	312.78
7×7	39.69	124.43	15×15	182.25	238.73	23×23	428.49	325.49
8×8	51.84	141.41	16×16	207.36	250.41	24×24	466.56	331.21
9×9	65.61	157.44	17×17	234.09	261.67	25×25	506.25	337.45

根据已有的研究得出地形起伏度随面积的变化曲线呈对数(Logarithmic)曲线,那么最佳统计单元的大小确定即在此曲线由陡变缓处。利用 Excel 软件的统计功能对表 7-2 中的网格单元的面积与平均起伏度进行对数方程拟合,得出拟合曲线(图 7-1)。

本节采用均值变点分析法对由陡变缓点进行计算。均值变点分析法是一种对非线性数据进行处理的数理统计方法。利用均值变点分析法必须首先确定分析对象,地形起伏度符合对数曲线,该曲线必定存在一个由陡变缓的点,而且该点是唯一的,所以利用均值变点分析法对该点进行分析计算也具有很高的准确性、科学合理性,其结果也应该最为理想、最为有效。其中所谓的变点是指:设 $\{X_t, t = 1, 2, \cdots, N\}$ 为非线性系统的输出,其系统模型或输出序列在某未知时刻起了突然变化,该时刻即为变点。

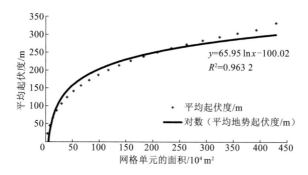

图 7-1 网格单元的面积与平均起伏度的对应关系拟合曲线

通过均值变点分析法计算得出 11×11 网格大小（980 100 m^2）即为由陡变缓的点，从而得出基于 90 m × 90 m SRTM DEM 数据提取长江流域地形起伏度的最佳统计单元为 11×11 网格。利用领域分析工具 Neighborhood Statistics，统计单元设置成 11×11，计算获取长江流域地形起伏度 [图 7-2（a）]，并对结果图进行标准化处理，最终得到长江流域地形起伏度标准化分布图 [图 7-2（b）]。

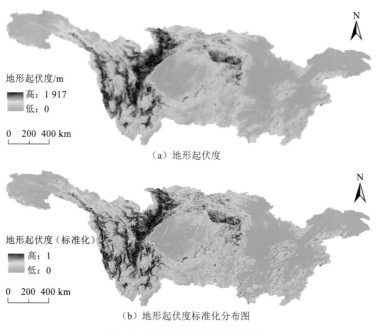

（a）地形起伏度

（b）地形起伏度标准化分布图

图 7-2 长江流域地形起伏度图

从图 7-2（a）可以看出，长江流域地形起伏多样，整体上以中小起伏为主，微起伏次之，而且局部的地形起伏度较大，这与流域分布着地势低平广阔的平原，底部和缓宽大的盆地密切相关。地形起伏度小于 30 m 的地貌类型多为平原，地势平坦，主要分布在四川盆地及长江中下游地区；地形起伏度为 30～70 m 的地貌类型为缓起伏的丘陵，多分布在我国二级阶梯的青藏高原、四川盆地的部分地区；地形起伏度为 70～200 m 的地貌类型多为切割丘陵地和缓起伏的高地，主要分布在江南的丘陵地区。地形起伏度为 200～500 m 的地区分布在青藏高原、江南山地丘陵地区;地形起伏度大于 500 m 的地貌类型为切割山地、高山,主要分布在昆仑山脉、青藏高原北缘、横断山脉等地区。

（2）人均 GDP

长江流域县（市、区）总人口和生产总值数据来源于涉及省（市）的统计年鉴,对于年鉴未统计到县域的省（市）,通过查找全国县域经济统计年鉴获取;长江流域县界数据精度为 1:25 万,来自国家基础地理信息中心。

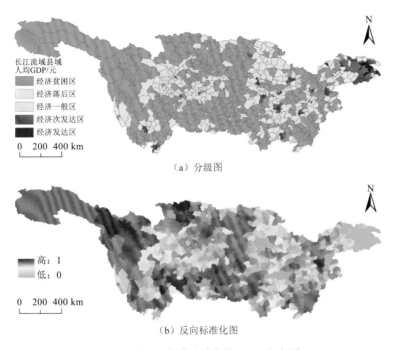

（a）分级图

（b）反向标准化图

图 7-3　长江流域县域人均 GDP 分布图

对本指标采取以下的处理方法:第一,利用行政区划编码这个具有唯一属性的关联字段,将 Excel 表格数据通过 ArcGIS 的 Join 功能和研究区的行政区划图进行关联,把统计数据导入空间的行政区划图中;第二,通过 ArcGIS 的空间分析模块的 Convert-Features to Raster 工具把矢量数据转化为栅格数据;第三,通过分析知道,本指标是正向的指标,所以采用式（7-1）,进行标准化处理,得到指标的影响分布图。

根据其频率分布图,基于"类内差异最小,类间差异最大"的原则,采用自然断点法将长江流域经济区县域分成 5 类:第一类为经济贫困区,人均 GDP 范围为 4 143～19 363 元;第二类为经济落后区,人均 GDP 范围为 19 364～34 966 元;第三类为经济一般区,人均 GDP 范围为 34 967～57 082 元;第四类为经济次发达区,人均 GDP 范围为 57 083～90 812 元;第五类为经济发达区,人均 GDP 范围为 90 813～148 727 元,如图 7-3（a）所示。因为在不考虑其他条件的情况下,人均 GDP 越高的地区,经济发展水平总体越高,财政压力越小,山洪灾害预警难度也越小。由此人均 GDP 对于山洪灾害预警难度评价是一个负向的评估指标,需利用式（7-2）对长江流域县域人均 GDP 进行标准化处理,标准化分布图如图 7-3（b）所示。从图 7-3（a）

可以看出，研究区经济发展整体为东高西低的空间格局，长江三角洲地区、长江中下游及成渝地区人均 GDP 明显高于其他地方。而一般山洪灾害多发生在流域上游，经济条件越差，设备维护环境越差，预警难度越大。

2）山洪致灾过程类型

该一级指标主要涉及溪河洪水，以及由其引发的滑坡、泥石流三类过程的历史灾害密度。相关数据主要来自《全国山洪灾害防治规划》的调查数据，该数据年限截至 2002 年，后结合"全国山洪灾害调查评价项目"补充更新了部分省份的数据至 2010 年。

在具体操作方面，首先对灾害类型指标进行量化：溪河洪水灾害设为 1，滑坡灾害设为 2，泥石流灾害设为 3；然后统计县域内各灾害点对应灾害类型数值的总和，数值越大，过程越复杂。最后利用 ArcGIS 的空间关联功能，将长江流域县域与相应的灾害点图层联立，统计相应的灾害点，最后赋值累计得到山洪灾害过程类型指标图。

利用式（7-2）对各个指标结果图进行标准化处理，得到长江流域过程类型三个指标标准化分布图（图 7-4）。从图 7-4 可以看出，长江流域中下游地区（主要为陕西、湖北、湖南和江

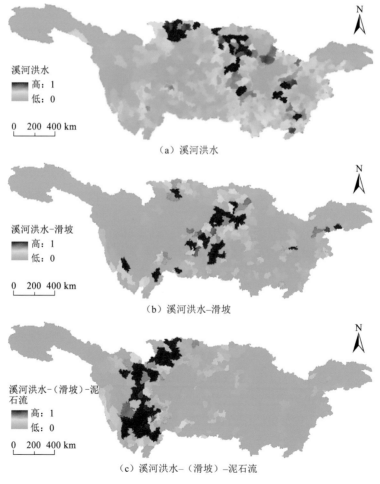

（a）溪河洪水

（b）溪河洪水–滑坡

（c）溪河洪水–（滑坡）–泥石流

图 7-4　长江流域山洪灾害过程类型指标标准化分布图

西）发生溪河洪水的规模频率要高于长江流域的上游地区；而溪河洪水–滑坡规模频率在长江流域的中游地区（湖北、重庆和贵州）较高；溪河洪水–（滑坡）–泥石流规模频率则表现为在甘肃和四川较高的规律。

　　3）下垫面复杂性

　　下垫面复杂性一级指标涉及土地利用、土壤类型和岩性三个方面。土地利用数据来自中国西部环境与生态科学数据中心，该机构在中国科学院 1:10 万土地资源调查成果的基础上对其进行了合并、矢栅转换（面积最大法），最后得到全国幅的土地利用数据产品 WESTDC_Land_Cover_Products1.0（中国科学院资源环境分类系统），后利用流域边界截取数据集获得整个长江流域的土地利用图层。

　　土壤类型数据来源于联合国粮食及农业组织（Food and Agriculture Organization of the United Nations，FAO）和国际应用系统分析研究所（International Institute for Applied Systems Analysis，IIASA）所构建的世界土壤属性数据库（Harmonized World Soil Database），该数据库于 2009 年 3 月 26 日发布了 1.1 版本，空间分辨率为 1 km。中国境内数据源为《第二次全国土地调查》的 1:100 万土壤数据。

　　岩性图层数据来自中国科学院资源环境科学数据中心。

　　下垫面条件复杂性的每个指标都有特别的类别，可计算各类别在县域单元内的多样性值来量化各指标，即计算各指标类别占县域单元最大一类的比例，以此值作为该指标在县域内多样性的指标，比例越大，表示区内该要素细类在分布上比较均质和单一，下垫面条件复杂程度越小；比例越小，表明区内该要素细类分布多样性越高，下垫面条件复杂程度越大。在具体操作层面，首先统计图层的类别，将空间上独立但属于同类的单元，利用 ArcGIS 的 Merge 工具合并，然后使用 intersect 工具，将长江流域县域图层与相应的要素类别图层建立关系，得到各个县域相应要素图层的分布情况，利用 Calculate Geometry 功能计算各个要素在县域内的分布面积，计算它们占全县的比例，并将此图层的比例转化为栅格图层，最后利用 Zonal statistics 功能，以县域为基本统计单元，统计县域内各要素比例的最大值，即可得到各县考察要素内占比最大一类的比例。

　　经上述数据处理过程后，可分别得到土地利用、土壤类型和岩性分布的异质性归一化指标图层（图 7-5）。根据图 7-5，三类要素的异质性分布格局有较大差异，县域土地利用异质性的高值区主要分布在湖口以上的长江中、上游的中高起伏山地，江源、川中丘陵区、两湖平原、长江下游的丘陵平原区这类地势相对平缓地区的土地利用类型总体上更为单一；土壤类型在金沙江石鼓以下和岷江、大渡河流域表现出较高的异质性水平，反映出这些地区以侵蚀风化作用为主的特征和复杂的成土环境；而岩性分布异质性的高值区则主要分布在两湖地区。总体上，四川盆地、长江三角洲这类以冲、洪积作用占主导、地势起伏相对平缓地区的下垫面的复杂性较低。

3. 指标权重设计

　　本节使用 AHP 确定指标权重。根据 AHP 的基本原则和方法，结合前述的山洪灾害可预警性影响因素分析结果，认为当前技术水平条件下，影响长江流域山洪灾害可预警性的因素主

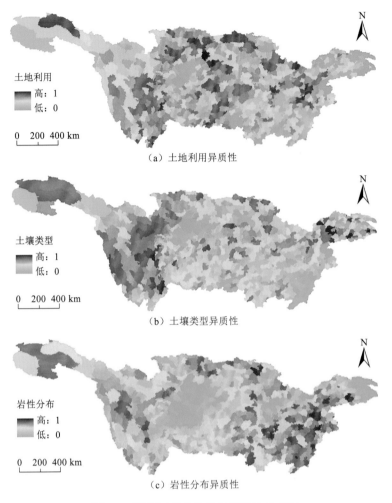

图 7-5　下垫面复杂性指标标准化分布图

要包括设备布设、使用和维护环境，山洪灾害过程复杂类型和下垫面条件三个大的方面，具体包括 8 个具体方面，经过分析整理将影响山洪灾害可预警性评价指标体系分为三层：目标层 A、准则层 B（设备布设、使用和维护环境 B_1，山洪致灾过程类型 B_2，下垫面复杂性 B_3）和指标层 C（地形起伏度 C_1、人均 GDP C_2、溪河洪水规模频率 C_3、滑坡规模频率 C_4、泥石流规模频率 C_5、岩性分布异质性 C_6、土地利用异质性 C_7、土壤类型异质性 C_8），将 A、B、C 三个层次建立层次结构模型。

按照 1~9 数字标度法逐个对任意 2 个评价指标进行比较，最终确定它们的相对重要性，并赋予相应的分值。对于准则层分析，可根据设备布设、使用和维护环境，山洪灾害过程类型，下垫面复杂性对山洪灾害可预警的影响程度，建立判断矩阵。鉴于现有技术水平对滑坡泥石流的预判能力较低且限制因素较多，给予山洪灾害过程类型（B_2）最高权重；而设备布设、使用和维护环境（B_1）相对于下垫面复杂性（B_3）更具现实影响，后者仅存在理论上的作用，不确定性较大，因此给予 B_1 相对高权（表 7-3）。

表 7-3　准则层判断矩阵

准则层	B_1	B_2	B_3	权重
设备布设、使用和维护环境（B_1）	1.000 0	0.500 0	3.000 0	0.333 8
山洪灾害过程类型（B_2）	2.000 0	1.000 0	3.000 0	0.524 7
下垫面复杂性（B_3）	0.333 0	0.333 0	1.000 0	0.141 5

经计算判定矩阵的最大特征值 λ_{max}=3.05，一致性指标 CI=0.03，查三阶矩阵平均一致性指标 RI=0.58，一致性比率 CR=0.05＜0.1，该矩阵具有完全一致性。

依以上操作步骤和设权理念，对二级指标构建判断矩阵和定权（表 7-4），结果见表 7-5。

表 7-4　指标层判断矩阵和定权

判断矩阵	特征向量	λ_{max}	CI	CR
B_1-[C_1,C_2]	$[0.333\ 3,0.666\ 7]^T$	2.000 0	0.000 0	0.000 0
B_2-[C_3,C_4,C_5]	$[0.106\ 2,0.260\ 5,0.633\ 3]^T$	3.039 0	0.019 0	0.033 3
B_3-[C_6,C_7,C_8]	$[0.538\ 9,0.297\ 3,0.163\ 8]^T$	3.009 0	0.005 0	0.007 9

表 7-5　山洪灾害可预警性评价指标权重分配表

指标	权重	指标	权重	指标	权重	指标	权重
B_1	0.333 8	C_1	0.333 3	C_4	0.260 5	C_7	0.297 3
B_2	0.524 7	C_2	0.666 7	C_5	0.633 3	C_8	0.163 8
B_3	0.141 5	C_3	0.106 2	C_6	0.538 9		

4. 长江流域山洪灾害预警难度评价

依据前述内容，对各指标图层进行加权叠加［式（7-4）］及标准化运算后，获得长江流域山洪灾害预警难度分布图（图 7-6）。

$$H = \sum_{i=1}^{3} c_i H_i \tag{7-4}$$

式中：H 为山洪灾害监测预警难易程度；c_i 为各个指标的权重；H_i 为各个指标。H 越大表明山洪灾害预警难度越大。

图 7-6　长江流域山洪灾害预警难度归一化图

为进一步明确区域山洪灾害预警难易程度的分布格局，运用自然断点法将预警难度分为极高、高、中、低4个等级，得到长江流域山洪灾害预警难度分级图（图7-7）。依据图7-7，长江流域山洪灾害预警难度较大的地区主要集中在甘肃南部、四川中部盆周山区、云南北部、贵州东北、湖北西北及重庆部分地区，这些地区的山洪灾害多引发滑坡、泥石流等次生灾害，山高坡陡、河谷深切，交通可达性差，设备布设、使用和维护成本高或难以执行，以及经济建设总体比较落后，地区财政压力较大，等等。地处江源区的青海、四川盆地、长江中下游丘陵平原区的山洪灾害预警难度较小，这些地区一般地势起伏较小，山洪发灾的局域性强，且灾害链过程相对简单，加之区域经济总体发达，监测预警系统易于推广和持续运行，抗风险能力较强。

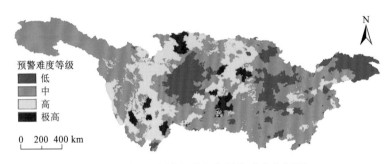

图 7-7　长江流域山洪灾害预警难度分级图

7.1.2　长江流域山洪灾害防御对策设计

1. 山洪灾害防御的一般原则

针对山洪灾害发生不确定性高、过程历时短、能量集中释放的特点，欧美及日本等先进国家和地区已经在政策管理、社区防御和工程治理等方面做了大量的尝试，积累了较为丰富的防御经验。各个国家或地区针对自身的实际情况，采取了不尽相同的山洪防御方略或处置原则，如发灾局地性较强的瑞士、奥地利等国家和地区侧重于通过保险、规划、立法等方式规范洪泛区的开发建设行为，从而提高规避山洪灾害的能力；美国、日本、意大利、法国等饱受山洪侵扰的经济大国则更偏重于采取早期预警、灾害保险、风险图编制、土地利用规划、拦排设施修建等综合措施抵御山洪。我国于2006年批复的《全国山洪灾害防治规划》明确指出：坚持"人与自然和谐相处""以防为主，防治结合""以非工程措施为主，非工程措施与工程措施相结合"的山洪防御原则，并提出了近期（2010年）及远期（2020年）山洪灾害防治的目标和建设任务。规划提出的近期目标是，初步建成我国山洪灾害重点防治区以监测、通信、预报、预警等非工程措施为主与工程措施相结合的防灾减灾体系，基本改变我国山洪灾害日趋严重的局面，减少群死群伤事件和财产损失。全国山洪灾害防治措施以监测、通信预警、防灾减灾预案、政策法规和管理等非工程措施为主，结合山洪沟、泥石流沟、滑坡治理等工程措施。

对于整个长江流域而言，在坚持国家层面山洪防御基本原则的基础上，也应考虑流域内不同区域山洪发育的特点和社会经济条件，因地制宜地开展山洪防御工作。如对于可预警（或易于预警，下同）的一般溪洪及其引发的慢性崩岸、滑坡，依靠已建成的非工程措施和土法经验，基本可以保证当地居民生命安全的，可适当提高防治标准，结合国家其他民生、扶贫项目，多方筹措资金,适时加大工程措施建设力度,在新居民点建设、河岸护堤、水土保持、农村危房和农田水利设施改造等方面,做好灾前防护工作,最大限度地减少山洪给当地百姓生产生活带来的不便,消除潜在威胁,努力做到"灾前防治,保障民生"。

而对于难以预警的急性滑坡、泥石流灾害,在现有技术手段和资金支持条件下还很难做到全面、高效的监测与防控,在防御工作中除了加大新技术推广应用、强化监测预警体系建设外,还应着力加强"灾中应急、灾后恢复"方面的应急响应、工程和非工程措施工作,如积极建设区域后勤保障中心;建立评审制度,对临时安置场地和逃生路径的位置选取、建设标准、常备物资等方面进行审查和评估;定期组织居民和民兵开展防灾逃生和抢险救灾演练;开展区域、小流域、单沟尺度山洪灾害风险评估,为相关保险产品开发及政策法规制定提供依据;制定政策法规,通过税收调整和行政许可,规范风险区内道路、企业厂房及一般民房的选址和建设标准及企业生产建设行为,明确政府、个人和企业在灾害风险中承担的义务和责任等。

2. 长江流域山洪灾害防治类型区划分

长江流域幅员辽阔,自然和人文地理环境复杂多样,山洪发育格局与成灾潜势区域分异显著。基于全流域历史灾害数据,参考风险分析结果,将长江流域划分为 9 个山洪灾害防治类型区（图 7-8）,以表征各大区的山洪发灾类型。各类型区特征指标见表 7-6。

图 7-8　长江流域山洪灾情类型区划分

1.长江源及金沙江中上游山洪灾害低发区;2.滇北川西泥石流灾害高发区;3.川中山洪灾害低发区;4.陕南陇南山洪灾害高发区;5.长江上游中深切割山地山洪灾害高发区;6.洞庭湖水系溪洪灾害高发区;7.两湖平原山洪灾害低发区;8.长江中下游干流—鄱阳湖水系溪洪灾害高发区;9.长江下游干流—河口无山洪灾害

表 7-6　基于地统计方法的长江流域各山洪灾情类型区特征值

区域代号	平均高差/m	暴雨级值/mm	地均 GDP/（万元/km^2）	灾害点密度/（个/万 km^2）		
				溪洪	滑坡	泥石流
1	307	34	27	3	2	9
2	276	55	603	29	35	146
3	150	73	1 573	26	4	15
4	278	48	389	95	63	60
5	174	69	1 005	62	210	14
6	209	82	1 023	74	22	4
7	76	76	2 715	33	8	1

续表

区域代号	平均高差/m	暴雨级值/mm	地均 GDP /（万元/km²）	灾害点密度/（个/万 km²）		
				溪洪	滑坡	泥石流
8	51	76	1 908	80	54	9
9	—	—	—	0	0	0

注：平均高差的原始统计单元为 1 km²，原始数据来自 SRTM DEM；暴雨极值为多年最大 6 h 点雨量均值，原始数据来自中国气象局数据库；GDP 数据来自《四川统计年鉴 2018》；灾害点密度数据来自《全国山洪灾害防治规划》调查资料，该资料岷江流域数据更新至 2010 年，其他数据截至 2002 年

依据第 4 章分析结果，区域尺度山洪灾害的分布主要与暴雨条件、地形起伏度及人口资产易损性有关，长江流域的山洪灾害分布状况也基本符合这一认知（图 7-7 和表 7-6）：长江源及金沙江中上游（长江源及金沙江中上游山洪灾害低发区）由于人口稀少、聚落稀疏，加之降水条件一般，山洪总体偏少、发灾频率偏低；到我国一级阶梯与二级阶梯、二级阶梯与三级阶梯两个过渡地带（滇北川西泥石流灾害高发区、陕南陇南山洪灾害高发区和长江上游中深切割山地山洪灾害高发区），地形起伏度骤增、地质运动活跃，地表趋于破碎，松散物质、不良堆积体广泛发育，为溪洪–滑坡、溪洪–滑坡–泥石流等灾害链过程提供了极佳的下垫面条件，加之暴雨的激发作用和分散的居住环境，使得这些地区成为我国各型山洪灾害发育的天堂；再往下游的洞庭湖和鄱阳湖水系及长江中下游的山区丘陵部分（洞庭湖水系溪洪灾害高发区和长江中下游干流—鄱阳湖水系溪洪灾害高发区），受到东南季风的影响，雨量显著增大，人口资产暴露量水平也较高，山洪灾害，特别是其中的溪洪灾害发育极多；相对的，川中丘陵、两湖平原、鄱阳湖平原和长江下游至河口的广大低丘平原区（川中山洪灾害低发区、两湖平原山洪灾害低发区、长江中下游干流—鄱阳湖水系溪洪灾害高发区的部分地区和长江下游干流—河口无山洪灾害区），虽然暴雨水平也很高，但受限于总体低平的地势条件和良好的植被覆盖，自然形成的山洪灾害较少发生。

3. 国内目前主要的山洪防御措施

1）非工程措施

（1）监测预警

山洪灾害监测预警是指通过对山洪形成发展要素的研究与监测，当相关要素指标数值达到一定阈值并有较大概率致灾时，向有关防御机构和潜在的承灾对象发出警报的一种山洪预防机制。山洪灾害监测预警是预防山洪的重要手段，主要包括预警信息的获取和发布两方面内容。根据预警信息的获取渠道不同，预警信息的获取又可分为由从水雨情监测系统自动上报信息和群测群防体系人工上报信息两种途径。预警信息的发布则主要由实施地区防汛指挥机构或群测群防监测人员通过预警信息传输网络或其他方式完成传播过程。

监测预警流程又可分为"自上而下"和"自下而上"两种形式（图 7-9），前者的预警信息由信息汇集与预警平台制作，市防汛指挥部门首先获取预警信息，再向各乡镇防汛指挥部发布的预警信息，依次传输给村、组，紧急情况下市防汛指挥部也可直接对村组发布预警信息；后者由群测群防体系的监测人员根据山洪灾害防御培训宣传掌握的经验、技术和监测设施观

测信息，发布预警信息。市级防汛指挥部门接收群测群防监测点、乡（镇）、村的预警信息，再逐级发布（图7-9）。

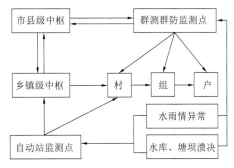

图 7-9　监测预警体系流程图

（2）群测群防

群测群防是山洪防御工作的重要组成，与专业监测预警系统相辅相成、互为补充，形成"群专结合"的山洪灾害防御体系。按照《全国山洪灾害防治规划》的要求，通过持续、规范、长效的组织开展山洪灾害群测群防体系建设，以达到显著增强防治区群众主动防灾避险意识和自救互救能力的目的。群测群防体系建设的主要内容包括县乡村责任体系建立、防御预案编制及宣传、培训和演练工作（图7-10）。

（a）雨量站布设点图

（b）预警信息网络查询现场演示

（c）预警有线、无线广播设备

（d）山洪灾害防治宣传栏

（e）安全预警告示

（f）责任专栏

图 7-10　典型山洪灾害防治非工程体系建设内容

责任体系建设是指在市县、乡镇（街道）、村（社区）、组、户五级建立山洪灾害防御责任体系，其中组织指挥机构要求在县市、乡镇和村一级建立，机构成员涵盖水利水保、土地管理、民政、交通、公安、供电、广播、林业、卫生、学校等相关部门；防灾预案是山洪灾害防御指挥决策、调度和抢险救灾的依据，山洪防治区主要乡（镇）及重点行政村应根据辖区内山洪灾害发育特点和防御现状，分别编制防御预案，重点落实洪水威胁范围、防御机构人员组成和职责、监测预警和转移安置流程和宣传、演练计划等方面内容；宣传教育工作主要是利用会议、广播、电视、报纸、警示牌、宣传栏、光盘、录音带、宣传手册及明白卡等方式宣传山洪灾害防御知识，提高公众对山洪危害的认识，增强防御工作的责任意识和社会公众的自防避险意识。同时，通过各级组织的各类培训和演练，使群众熟悉预警信号、转移路线和安置地点。

（3）政策法规

这里的政策法规是指有关部门为防御山洪灾害而制定的一系列规定、办法、准则、行业规范、规章、条例等。《全国山洪灾害防治规划》实施以来，我国已经出台了一系列相关的规范性文件，如《山洪灾害预警设备技术条件》《山洪灾害群测群防体系建设指导意见》《山洪灾害分析评价方法指南》《山洪灾害防御预案编制导则》等。这些文件在指导全国山洪灾害防治非工程措施项目建设方面发挥了重要的支撑作用。此外，对于长江流域的各个地方，政策法规措施在土地资源管理、河漫滩土地利用规划、保险行业引导、城镇和村庄体系建设等方面也可以起到很好的约束和规范化作用，特别是对于山洪发灾较严重的地区，适当的政策法规约束可以有效地减少山洪威胁区承灾体的暴露量，并在一定程度上分担政府的财政压力。

（4）搬迁避让

搬迁避让是指面对山洪灾害的潜在威胁，人们主动搬离威胁区、永久性地迁移至相对安全区域的防御措施。除了给予居民适当的房屋和土地补偿金外，政府一般还需承担集中安置费用，因而搬迁避让项目一般投资预算较高，多与其他民生类项目协同落实。搬迁避让措施适宜在山洪灾害地理分布相对集中、威胁人口数量较少的辖区推广，而对于境内普遍受到山洪泥石流侵扰的区县，安置选址难度很大，必要时须由省或中央协调，采取特事特办的原则处理。

2）工程措施

（1）沟坡治理

山洪沟的沟坡治理思路概括起来主要有"拦、蓄、排、护"四种类型。山洪暴发时往往携带大量的泥沙、石块和漂浮物，当这些物质体量过大时即可能形成各种类型的泥石流，对下游基础设施形成强烈冲击并造成大范围的淤埋。工程上一般使用拦挡坝对这些物质进行拦截，常用的拦挡坝有栅格坝、桩棱坝和谷坊［图 7-11（a）（b）］，这些坝体通常留有不同形式的空隙，可以将体积较大的砾石、碎石和漂流木截留，从而减少山洪泥石流对下游的冲击；对过量

（a）西藏林芝古乡沟的桩棱坝

（c）格宾石笼护岸

（b）四川文家沟的拦挡坝

图 7-11　山洪沟坡治理常用工程措施

洪水进行拦蓄也是山洪防治中较为常用的手段,印度和巴西均有在山洪沟/河修建塘坝和水库拦蓄山洪的案例。此外,"蓄"还有涵养水源的内涵,可以通过在坡地植树种草达到减少小流域产流的目的;山洪出沟口后往往在冲洪积扇地区发生泛滥致灾,能否将这些洪水有效疏导是控制山洪波及范围的关键,实践中多采用修筑截洪渠、导流沟等方式将洪水引导至天然河道。相应地,对相关沟/河道进行必要的疏浚以确保行洪通道的畅通,也是该项措施能否达到预期效果的重要一环;"护"有两层含义,一是直接修建堤防工程对承灾体进行保护,二是对沟/河道或陡峭坡体进行加固以维持沟/河道整体形态的稳定,间接保护两岸的承灾体,如在相对顺直的沟道内修建跌坎以消减水流能量,可以有效防止沟道下切、保持两岸坡体稳定。如果承灾体位于河弯处的凹岸,为减少洪水顶冲造成的侧蚀和崩岸,通常会采用钢丝笼、浆砌石等方式进行护岸 [图 7-11(c)]。

沟坡治理是一项复杂的系统工程,理想的工程治理方案一般遵循"上游拦(蓄)、中游护、下游疏导"的解决思路,各类措施综合运用。然而,现实中受投资预算、设计标准和施工条件等因素的影响,很少能够针对动辄数百平方公里的单一小流域进行系统而全面的综合治理。一般情况下,山洪沟治理更多的是考虑现实聚落的规模和位置,对特定沟段进行护岸、加堤或排导方面的建设和提升,注重以代价较小的"点"式工程配合非工程措施,以获取最大的山洪防御效益。

(2)水库工程除险加固

水库具有调控水资源时空分布和防洪减灾的基本职能,在发电、灌溉、航运等方面也可发挥显著的社会经济效益。长江流域特别是中上游山丘区修建了大量不同规模和类型的水库大坝,为保障当地国民经济的平稳有序发展做出了巨大贡献。然而,水库在兴利的同时,也存在溃坝的风险,由此带来的洪水威胁不逊于任何一场暴雨山洪,甚至更高。从工程设计的角度来说,任何水库都有一定的防洪标准和安全指标,当发生如超标洪水、大规模滑坡、地震、战争袭击等突发事件时,水库的安全必然受到威胁。因此,水库的定期检查与除险加固的重要性不言而喻。对于像三峡、向家坝、溪洛渡这样的巨型水库,一般养护与除险加固是每年的例行任务,而对于山区小流域大量分布的小型水库与塘坝工程,除险加固工作往往是相对薄弱的环节。

长江中上游山区小流域的小型水库坝体多为土坝、土石坝和浆砌石坝,结构强度总体偏低,容易出现坝体开裂、土坝滑坡、坝基开裂等突发情况,每年汛前应及时做好病险水库(塘坝)的除险加固工作,如采用沙土灌注、回填等方法修补坝体裂缝,采用修筑防滑齿墙等方式预防坡面流水侵蚀与局部滑坡等,必要时可增加防渗处理、培厚坝体、加高坝顶、改建或重建溢洪道等,确保水库在安全度汛的前提下发挥防洪效益。

(3)水土保持

水土保持措施是对由自然或人为原因引起的水土流失进行预防和治理的措施,依手段特性可大体分为工程措施、生物措施和耕作措施三类,与山洪灾害防御关联较大的主要是工程措施和生物措施。

水土保持工程措施主要包括治坡工程、治沟工程及坡面水系优化相关的小型水利工程,相关方法和手段与山洪沟坡治理措施相似,即通过修建拦沙坝(谷坊)、淤地坝、沉沙池、蓄水池、排水沟等方式减少地表径流与土壤流失。因为此类措施的立意是预防坡面片流或冲沟径流级别的水土流失，在建设标准方面并未针对防洪做专门的优化，所以单一建筑物的尺寸、规模一般较小，适宜山洪发生频率不高、洪峰流量较小的沟道进行常规防护。

生物措施，特别是其中的林草种植是山洪预防重要的辅助手段。以预防山洪为目的的水土保持生物措施宜以坡地水土保持林栽植为主，输以封育和植草。水土保持林可重点选择根系发达、郁闭迅速的水源涵养林，有利于增加山地陡坡植被覆盖、减少产流量、增加地表糙度、延长汇流时间。

4. 长江流域山洪灾害分区防御对策

基于长江流域山洪灾害的要素风险评估、可预警性分析和防治类型区划分结果[图5-6（b）、图7-7、图7-8]，认为在当前以简易水、雨情监测为主的技术背景下，长江流域山洪灾害防御工作的重点和难点地区主要集中在四川、云南、贵州、重庆、甘肃、陕西、湖北、湖南等省（直辖市）的中高起伏山地，而巴塘以上的江源地区和大通以下的长江下游至河口三角洲地区的山洪防治任务总体较轻、防御难度也较小。结合各类防御措施的防御原理、一般成效、构筑成本和现实可操作性，可针对不同的防治类型区给出指向性对策，即在防治工作中适合优先考虑、推广的基本防御措施组合。

总体上，工程措施投资巨大，寿限期内应对不超过设计标准的洪水过程效果尚佳，但受限于人力和物料成本，以及面对极端山洪事件的效果不确定性，不太适合大面积、高强度推广；非工程措施体系（不包括搬迁避让）构建物质成本较低，且目前全国主要防治县已具备一定的软硬件基础，在山洪灾害分布广，防御重点不突出，不可能普遍建立高标准防御工程体系的地区，往往能取得上佳效果；非工程措施中的搬迁避让，指将灾害危险区内分散的小规模居民点永久性迁出危险区的措施，涉及征地补偿、移民安置、居民点建设及再就业等一系列问题，单单依靠山洪防治经费往往很难应对，主要结合国家其他项目的开展工作。

具体分区基本防御对策见表7-7。

表7-7　长江流域山洪灾害分区基本防御对策表

风险程度	预警难度	指向性对策	涉及类型区
较高	高	①政策法规；②群测群防；③监测预警；④隐患工程治理；⑤搬迁避让	滇北川西泥石流灾害高发区、陕南陇南山洪灾害高发区、长江上游中深切割山地山洪灾害高发区
较高	低	①监测预警；②群测群防；③水土保持；④隐患工程治理	洞庭湖水系溪洪灾害高发区、长江中下游干流—鄱阳湖水系溪洪灾害高发区
较低	高	①群测群防；②政策法规；③监测预警；④隐患工程治理	长江源及金沙江中上游山洪灾害低发区
较低	低	①监测预警；②群测群防；③水土保持	两湖平原山洪灾害低发区、长江下游干流—河口无山洪灾害区、川中山洪灾害低发区

5. 风险度高、预警难度大的地区

涉及的类型区有滇北川西泥石流灾害高发区、陕南陇南山洪灾害高发区、长江上游中深切

割山地山洪灾害高发区。此类地区一般山势陡峻、断裂发育、地表破碎,地震频度颇高,有丰富的松散物质分布,遇汛期强降雨极易诱发溪河洪水、滑坡和泥石流等各类致灾过程。当地百姓虽然洪水斗争经验丰富,但面对多变的气候和突发极端事件仍然防不胜防。

此类地区各型山洪均有发育,且滑坡、泥石流等难预警山洪偏多,大规模的沟坡治理和搬迁避让财政负担极大,且在迁移选址、治理效果等方面存在诸多的不确定因素,实际操作上多根据实时灾情,通过国家转移支付或对口支援等方式进行特别安排;现有监测预警虽然对滑坡、泥石流等次生过程的预报预警效果有限,但仍可通过牺牲错报率(false alarm rate)的方式提高极端情景下的山洪避灾概率;非工程措施中的群测群防体系建设是本区山洪防御工作的重点,应特别加强防御预案、培训和演练等适于灾中应急方面的工作;政策法规的制定和落实对本区山洪防御尤其重要,可依据各地历史山洪灾害的最大波及范围划定威胁区,对威胁区中的房屋、道路等基建设施的选址和建设标准进行规范和必要的限制;对开发建设项目,除了严格执行常规行政审批外,应追加山洪威胁评价等方面的工作,明确开发单位的防治责任。

6. 风险度高、预警难度较低的地区

涉及的类型区有洞庭湖水系溪洪灾害高发区和长江中下游干流—鄱阳湖水系溪洪灾害高发区。此类地区一般降雨丰沛、植被良好,发育山洪的类型、规模和频率均低于中高山区,但由于人口稠密、易受局部冷空气影响形成非汛期强降雨,山洪发灾成灾的频率较高。

本区山洪以溪河洪水为主,综合预警难度偏低,应充分发挥监测预警体系优势,加强和完善监测通信设施的建设、布置和自动化程度,以及一系列人员培训、宣传教育等群测群防体系配套工作;在工程措施方面,对于有发灾隐患山洪沟(坡)附近的较大村落,除了开展常规沟坡治理外,还应加强堤防、农田水利设施建设,特别是沿河村落的河道凹岸,应筑有防冲堤并下填防冲石块。本区水热条件利于植被生长,在重点防治区应大力开展水土保持建设,从长远角度改善生态环境,预防坡面山洪隐患。

7. 风险度低、预警难度大的地区

涉及的类型区有长江源及金沙江中上游山洪灾害低发区。此类地区降水条件有限,加之地广人稀,灾情总体较轻。但本区新构造运动活跃、不良地质路段多、森林覆盖较差,在冰川融雪和短历时暴雨的耦合作用下,溪河洪水及滑坡、泥石流隐患不在少数,一旦发灾虽未必会直接影响聚落,但极有可能对交通线造成临时性阻断。

本区农牧人口比例高,居住相对分散、局部流动性强,非工程措施应以群测群防体系建设为重点,落实责任制,加强宣传教育,发动群众自觉规避山洪风险。同时,应结合国家扶贫、新农村建设等项目,开展区域山洪灾害风险评估,科学规划布局村镇体系,大力引导牧民迁至固定聚落并配给山洪监测预警设施;对于重要路段、集镇附近的坡面泥石流和不稳定坡体,应及早发现并采取沟坡治理措施。

8. 风险度低、预警难度较低的地区

涉及的类型区有两湖平原山洪灾害低发区、长江下游干流—河口无山洪灾害区和川中山洪灾害低发区。此类地区地势多平坦,难以形成高强度洪流,山洪发育和发灾频率很低。然而

本区人口稠密、经济密度大、防灾意识淡薄，人为因素影响下的塘坝溃决、不稳定人工堆积体崩滑等仍有可能引发致灾过程，从而造成人员财产损失。此类地区的防御工作应以监测预警和群测群防为主，加强宣传教育，杜绝人为隐患；必要时开展河道整治工作，将常年淤积或挤占的行洪沟道及时清理；对生产建设项目做好水土保持工作。

7.2　微观防御体系

7.2.1　监测预警体系

1. 系统设计原则与架构

山洪灾害监测预警系统建设是及时规避风险，避免或减少山洪灾害导致的人员伤亡和财产损失的重要举措，也是实施指挥决策和调度及抢险救灾的重要保障。监测预警系统的设计原则主要包括：坚持以人为本，以保障人民群众生命安全为首要目标；坚持因地制宜、突出重点；坚持经济实用、稳定可靠、容易实施、便于操作与推广；遵循相关规程和规范；充分利用现有气象、水文及地质灾害监测预警网，系统建设要与相关行业的规划、建设相协调；充分利用已有资料和成果，与国家防汛指挥系统相衔接。

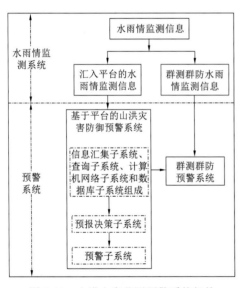

图 7-12　山洪灾害监测预警系统架构

山洪灾害监测预警系统包括水雨情监测系统和预警系统两个部分（图 7-12）。水雨情监测系统主要包括水雨情监测站网布设、信息采集、信息传输通信组网、设备设施配置等（马建明等，2014）。乡（镇）、村自身预警的监测设施，一般以简易为主；县级以上可根据经济状况和山洪灾害特点，布置有一定技术含量、实用、先进、自动化程度较高的设施。汇入山洪灾害防治信息汇集及预警平台的水雨情监测信息以县级以上的自动遥测信息为主，群测群防水雨情监测信息以乡（镇）、村简易观测信息为主。根据我国山洪灾害范围广、成因复杂的特点，要加密现有水文气象部门的监测站网，以控制水雨情，及时发布预警信息。

山洪灾害预警系统由基于平台的山洪灾害防御预警系统和山洪灾害群测群防预警系统组成。基于平台的山洪灾害防御预警系统中的山洪灾害防治信息汇集及预警平台是该预警系统数据信息处理和服务的核心，主要由信息汇集子系统、信息查询子系统、计算机网络子系统和数据库子系统组成；基于平台的山洪灾害防御预警系统主要由信息汇集子系统、信息查询子系统、预报决策子系统和预警子系统组成，在县级以上防汛指挥部门建立，山洪灾害严重的区域应建立该系统，以获取实时水雨情信息，及时制作、发布山洪灾害预报警报；系统一般要求具有水雨情报汛、气象及水雨情信息查询、预报决策、预警、政务文档制作和发布、综合材料生成、值班管理等功能,并预留泥石流、滑坡灾害防治信息接口。群测群防预警系统包括预警发布及程序、预警方式、警报传输和信息反馈通信网、警报器设置等;预警信息、预警方式、预警信号等应根据各地的具体条件,因地制宜地确定,预警方式、预警信号应简便,且易于被老百姓接受。典型山洪灾害监测预警体系架构示意图如图 7-13 所示。

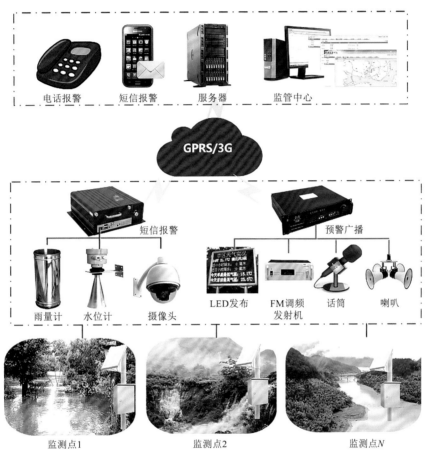

图 7-13　山洪灾害监测预警体系架构示意图

2. 水雨情监测系统

山洪灾害水雨情监测系统的设计目标是通过建设实用可靠的水雨情监测系统,扩大山洪灾害易发区水雨情收集的信息量,提高水雨情信息的收集时效,为山洪灾害的预报预警提供基本信息。现行的水雨情监测系统以雨量监测为主,水位和流量监测为辅,设计主要内容包括水雨情监测站网布设、信息采集、信息传输通信组网、设备设施设置等。

由于山洪灾害防御水雨情监测站的环境条件恶劣,监测人员的技术水平参差不齐,选用的监测方法、技术、设备应注重实用、可靠,符合山洪灾害监测预警的实际需求。山洪灾害监测设备的选用原则以简易监测为主,因地制宜地建设人工监测站和适量的自动监测站。不同监测方式监测设备设施及报汛工作体制总结见表 7-8。

表 7-8 山洪灾害监测方式及报汛工作体制总结表

监测方式	雨量观测设备	水位观测设备	流量观测设备	报汛工作体制
简易监测站	简易雨量观测器	简易水尺桩、固定建筑物或岩石上标注水位刻度	无	简易雨量站采用有雨观测、下大雨加强观测的工作体制，有条件时及时上报；简易水位站在有雨时或接到通知时观测，水位接近成灾水位时加强观测，有条件时及时上报
人工监测站	虹吸式雨量观测设备	水位观测尺	无	人工监测站采用定时观测，定时报汛的工作体制，在暴雨天气状态下则加密观测、增加报汛段次
自动监测站	雨量传感器	压力式（压阻式、气泡式）或超声式水位传感器	一般采用常规简易流量测验方式，有条件的地区可采取半自动或全自动的测验方式	自动监测站采用定时自报、事件加报和召测兼容的工作体制；对超短波组网的自动监测站，则采用增量随机自报与定时自报兼容的工作体制

山洪灾害监测站网布设应充分考虑区域历史山洪灾害、经济社会现状、河道地形资料、企事业单位分布情况和通信交通维护条件，布设站点以雨量站为主、水位站为辅。山洪灾害严重的区域原则上按照 20～100 km²/站的密度布设自动或人工雨量站；在山洪灾害特别严重的乡（镇）、山洪灾害频发及人口密度大的村组、山洪灾害易发区的暴雨中心，按照 20～30 km²/站的密度布设自动或人工雨量站；简易雨量站按照每个自然村（组）1 个站进行布设。面积超过 100 km² 的山洪灾害严重的流域，且河流沿岸为市、县、乡政府所在地或人口密集区、重要工矿企业的，一般应布设水位观测站，有条件的可布设自动水位站；流域面积 50～100 km² 的山洪灾害严重的小流域，如果河流沿岸有人口较为集中的居民区或有较重要的工矿企业、较重要的基础设施，一般应布设人工水位观测站或简易水位观测站；山洪灾害严重的其他小流域，根据当地实际情况因地制宜地布设简易水位观测站。

信息传输通信组网主要针对自动监测站和人工监测站的数据进行传输，常用的水雨情数据传输常用的通信方式有卫星、超短波（UHF/VHF）、GSM 短信、GPRS，以及公共交换电话网（public switched telephone network，PSTN）等。卫星通信利用人造地球卫星作为中继站，转发无线电波实现地球站之间相互通信，具有覆盖面大、通信频带宽、组网灵活机动等优点；超短波通信机理是对流层内的视距传播与绕射传播，受环境的影响也小，接收信号稳定，但传播距离较短，需要建设中继站进行接力；短信数据传输通信适用于 GSM 网或 CDMA 网所能覆盖的报汛站和地区，具有响应速度快、传输时效好、信道稳定可靠等优点；GPRS 是 GSM 系统的无线分组交换技术，不仅提供点对点连接，而且提供广域的无限 IP 连接，是一项高速数据处理的技术；公共交换电话网（PSTN）具有设备简单、入网方式简单灵活、适用范围广、传输质量较高、通信费用低廉等优点。

3. 信息汇集与预警平台

山洪灾害防治信息汇集与预警平台是根据各地山洪灾害防御工作特点和需求，利用通信、计算机网络和数据库应用等技术，建设（省、市、县）各级防汛指挥部门山洪灾害防治信息汇集与预警平台，为山洪灾害相关数据信息收集、查询、决策和预警等服务。山洪灾害防治信息汇集与预警平台是山洪灾害监测预警系统的核心，主要由计算机网络系统和数据库系统组成，是数据信息处理和服务的核心。

山洪灾害防治信息汇集系统建设的主要目的是汇集各类数据，建立与上下级防汛部门，以及气象、水文、国土部门之间的数据共享汇集机制，制定共享标准，统一数据交换格式，开发共享接口，全面汇集山洪灾害防治信息。具体功能包括实时雨水情数据、基础数据、山洪预警信息、气象信息和国土信息共享汇集。实时雨水情数据的共享机制根据监测站点的建设情况确定，有监测站点建设的直接从站点获得监测信息，无监测站点建设的，所需数据需要由其他监测系统和水文部门提供。山洪灾害防治基础数据通过专门的数据上传页面，由县级用户以固定格式打包发送，每年汛前完成基础数据上报工作，上级防汛主管部门将基础数据进行解析、入库和处理。山洪预警信息由各县级平台用户进行上报，在上报过程中对数据来源、上报IP 地址、上报时间、上报数据报文及数据处理情况进行记录。气象信息共享内容和格式有防汛部门和气象部门协商确定，内容应该包括监测预警需要的地面及高空的实时气象监测信息和气象分析预警成果。国土信息共享内容和格式由防汛部门和国土部门协商确定，内容应该包括地质灾害隐患点的基础信息和实时预警信息。信息传输网络拓扑图如图 7-14 所示。

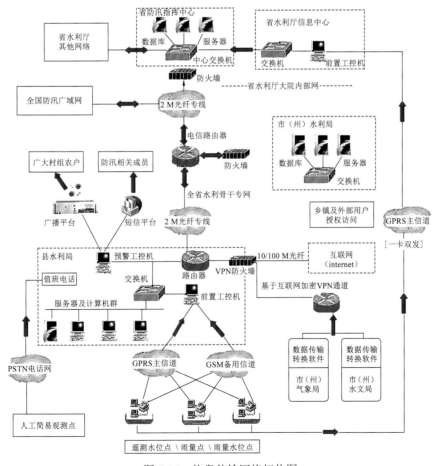

图 7-14　信息传输网络拓扑图

4. 信息汇集、查询子系统

山洪灾害信息汇集、查询子系统主要包括监测站的实时数据接收处理和其他相关部门的共享与交换信息的处理,以及各类信息的查询服务。其主要任务是完成平台所辖各监测站的水雨情信息的实时接收、处理和入库。信息汇集查询子系统主要为防汛决策部门、系统维护管理等部门提供基于 Web 方式的各类数据信息的查询服务。

信息汇集、查询子系统设计原则包括:①规范性,采用统一的规范和标准;②先进性,综合利用不同技术、工具和技巧实现系统需求;③可靠性,采用不同软件质量控制技术,并建立质量评估体系,保证系统稳定可靠;④实用性,界面简洁直观,操作符合用户习惯;⑤集成性,数据与地图的调用和各种功能实现平滑过渡;⑥开放性,便于对软件进行修改和完善。

信息汇集子系统主要由数据接收处理单元(硬件设备)和实时数据接收处理软件构成。数据接收处理单元主要由数据接收通信设备、数据接收处理计算机、电源及设备安装设施和避雷系统组成。各自动监测站点的水雨情信息通过数据传输信道传输到平台后,进入数据接收处理计算机,通过数据接收软件实时完成监测站水雨情数据的实时接收处理,并存入数据库中。人工观测的水雨情信息通过语音电话报汛方式自动存入数据库中,或通过其他的人工报汛方式收集后采用人工录入的方式存入数据库中。

5. 预报决策子系统

山洪灾害预报决策子系统是以先进的计算机技术为基础,将采集到的降雨、水文实时数据与防汛、地质等历史数据进行融合,提升对水文、气象等灾情信息处理效率,提高山洪灾害的应急抢险应对处置时效。预报决策子系统具有历史信息查询、洪水预报分析、灾害评估分析、山洪灾害预警等功能,主要由水雨情分析预报模块、预警信息生产模块和系统维护与管理模块组成(图 7-15)。

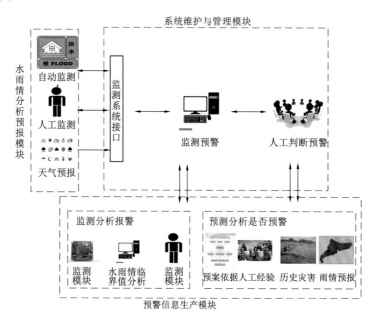

图 7-15 预报决策子系统模块关系图

水雨情分析预报模块主要功能：结合实时水雨情、气象预报信息，根据水雨情分析预报模型，对小流域、中小水库水位、流量进行预测，并输出预测结果。该模块的预报功能主要是通过对降雨量的观测来实现的，其判断的主要依据是通过判定流域内降雨强度是否达到流域的临界雨量，在判定流域内是否会发生山洪灾害后，进一步计算雨量的大小和山洪的强度。

预警信息生产模块是根据决策结果实时编制预警信息，并将预警信息发送至对应的预警平台上。决策过程分析是整个预报决策系统的核心部分，主要通过对不同测站的数据实时读取，通过将其与临界雨量/水位量的对比，判定是否需要预警并生成预警信息。决策分析的原数据为各测站的实时信息，同时结合当地气象预报信息。

系统维护与管理模块具有控制系统权限的功能，通过对系统内容进行添加和删除，为系统维护提供工具。山洪灾害预报决策系统的使用对象主要包括系统管理员、预报分析员和普通用户。系统管理员负责系统内容的查询、修改等功能进行权限设置预报；分析员具有部分信息修改权限；普通用户只具备查询信息的功能。

6. 预警子系统

山洪灾害预警子系统是在监测系统和监测预警平台预报分析决策的基础上，通过确定的预警程序和方式，将预警信息及时、准确地发送到山洪灾害可能威胁的区域。其主要内容包括明确各级政府的预警信息发布流程、权限、内容、对象和发布方式，确定预警通信方案及设备。预警子系统设计应遵循以下原则：①可靠性，尽量采用简单、已掌握的预警防汛或传输设备；②经济适用，因地制宜；③充分利用现有资源，避免重复建设；④预警信息系统建设与群测群防相结合。

预警子系统主要包括预警信息的获取和预警信息的发布。根据预警信息的获取渠道不同，预警信息的获取分为从各级建立的基于平台的山洪灾害防御预警系统获取信息和群测群防获取信息两种途径。预警信息的发布主要由各级山洪灾害防御指挥部门或者群测群防监测点上的监测人员通过预警信息传输网络和其他方式完成。预警子系统的组成及流程图如图7-16所示。

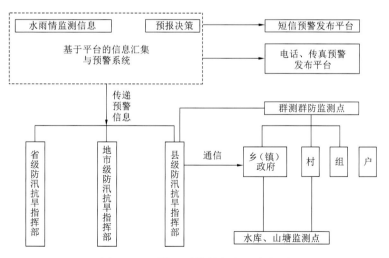

图7-16　预警子系统的组成及流程图

7.2.2　群测群防体系

1. 总体要求与内容

山洪灾害群测群防体系是指山洪灾害防治区内各级单位和人民群众,在水利和防汛主管部门及相关专业技术单位的指导下,通过不同手段,实现对山洪灾害的预防、监测、预警和主动避让的一种防灾减灾体系。山洪灾害群测群防体系是山洪灾害防御工作的重要内容,与监测预警体系相辅相成、互为补充,共同发挥灾害防御作用,形成了"专群结合"的山洪灾害防御体系。山洪灾害群测群防体系主要内容包括:责任制体系、防御预案、监测预警、宣传培训与演练等(何秉顺 等,2012b)。

国家防汛抗旱总指挥部办公室对群测群防体系建设提出了明确要求,《山洪灾害群测群防体系建设指导意见》提出,山洪灾害防治区内的行政村按照"十个一"的标准进行建设:建立1套责任制体系,编制1个防御预案,至少安装1个简易雨量报警器(重点区域适当增加),配置1套预警设备(重点行政村配置1套无线预警广播),制作1个宣传栏,每年组织1次培训、开展1次演练,每个危险区相应确定1处临时避险点、设置1组警示牌,每户发放1张明白卡(含宣传手册)。经过多年的群测群防体系建设和灾害防御实践,我国在责任制体系、防御预案、监测与预警、宣传培训与演练方面积累了大量案例和宝贵经验,形成了具有中国特色的山洪灾害群测群防体系(图7-17)。

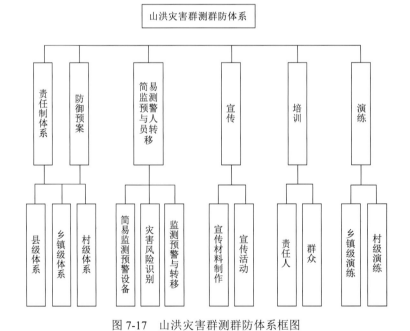

图 7-17　山洪灾害群测群防体系框图

2. 责任制体系

山洪灾害防御工作实行县、乡两级人民政府行政首长负责制,建立县(市、区)、镇(乡)、村三级群测群防组织指挥机构。有山洪灾害防御任务的县级行政区,县级防汛抗旱指挥部统一领导和组织山洪灾害防御工作；有山洪灾害防御任务的乡镇也成立相应的防汛抗旱指挥机构。防汛指挥机构下设监测、信息、转移、调度、保障等 5 个工作小组和 2～3 个应急抢险队（每队不少于 10 人）。同时，各村成立山洪灾害防御工作组，并成立以基干民兵为主体的 1～2 个应急抢险队（每队不少于 10 人），每个村、组均要落实降雨和水位、工程险情、水库巡查监测人员，并确定信号发送员。各级机构山洪灾害防御责任分工见表 7-9，以大南沟村为例，山洪灾害防御工作组成员名单如图 7-18 所示。

表 7-9　各级机构山洪灾害防御责任分工表

机构	主体责任	具体分工
县级人民政府及防汛抗旱指挥部	统一领导和组织山洪灾害防御工作，负责辖区内山洪灾害普查评估、监测预警系统、群测群防体系建设，组织、协调相关部门各负其责	组织实施山洪灾害防御预案，开展防灾演习，应急处置和抢险救灾等工作，统筹安排辖区内山洪灾害防治非工程措施运行管理经费
乡镇人民政府及防汛抗旱指挥机构	具体承担辖区内山洪灾害防御任务	督促乡镇和村、组开展雨情、水情的日程监测预警、应急处置、抢险救灾、宣传培训、防灾演练等，协助上级主管部门开展汛前检查、汛中检查、讯后检查，做好山洪灾害防御有关资料和预案修订、危险区划定等汇总、上报和年度工作总结
村组山洪灾害防御工作组	负责本村内山洪灾害简易雨量和水位观测、预警，并做好记录、上报，组织人员转移、安置和抢险等工作	参与本村域内危险区的日常巡查，并组织受威胁区群众撤离转移，配合各级政府部门做好自救、互救、安置工作，配合上级有关部门完成辖区山洪灾害防御年度工作总结

3. 防御预案

山洪灾害防御预案是指在现有工程设施条件下，针对可能发生的山洪灾害编制方案、对策和应对措施。山洪灾害防御预案是防汛指挥部门实施指挥决策、防洪调度和抢险救灾的依据，是基层群众"防、抢、救"等各项工作的行动指南，在山洪灾害防治非工程措施中占有举足轻重的地位。目前，受防御体系不健全、预案可操作性不强、山洪易发区降雨特征及灾害规律认识不足等的限制，大部分地区尚未编制预案或预案不完善，是当前山洪灾害防御工作的薄弱环节。

县级山洪灾害防御预案的编制内容包括：①调查县域自然和社会经济基本情况、山洪灾害类型、历史山洪灾害损失情况，分析山洪灾害的成因和特点；②确定县级山洪灾害防御部门职责和人员；③明确区域内有山洪灾害防治任务的乡镇及山洪灾害防御措施；④充分利用监测通信和预警设施、设备，确定预警程序和方式，

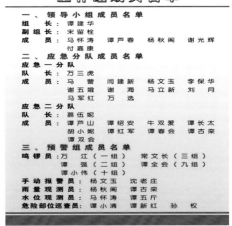

图 7-18　大南沟村山洪灾害防御工作组成员名单图

根据预报及时发布山洪灾害预警信息;⑤规定转移安置要求,拟定抢险救灾、灾后重建等各项措施,安排日程的宣传、演练等工作。

乡镇山洪灾害防御预案的编制内容包括:①调查区域自然和社会经济基本情况、历年山洪灾害类型及损失情况,分析山洪灾害成因及特点,划分危险区和安全区;②确定乡镇、村级防御组织机构人员及职责;③充分利用已有的监测通信和预警设施、设备,制定实时监测及通信预警方案,确定预警程序及方式,发布山洪灾害预警信息;④确定转移安置的人员、路线、方法等,拟定抢险救灾、灾后重建等措施,安排日程的宣传、演练等工作。

山洪灾害应急处置流程设定是防御预案编制的重点。按照危害程度和发展确实,山洪灾害可分为特重大、重大、较大、轻微四级。按照不同级别采取不用的应急处置流程:当灾情等级为轻微或较大级时,启动乡镇级防御预案;若灾情升级,则向县级防御指挥机构申请启动县级防御预案;当灾情等级为重大或特重大时,县级防御指挥机构在开展应急抢险的同时还应将灾情逐级报送至市级或省级防御指挥机构,并视灾情大小请求上级指挥部门支援。山洪灾害应急处置流程如图 7-19 所示。

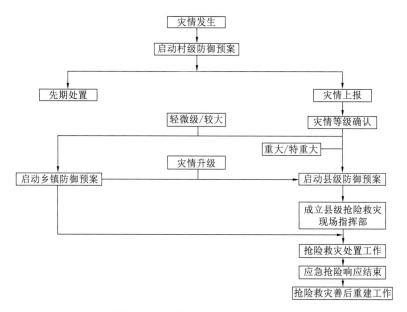

图 7-19　山洪灾害应急处置流程图

4. 简易监测预警

简易监测预警采用相对简便的方法监测雨量和水位,并及时向受威胁群众传播预警信号,一般由山洪灾害防治区群众进行操作使用。简易监测预警设备分为两类:一是自带监测和报警功能的设备,包括简易雨量报警器和简易水位站;二是预警信息扩散传播设备,包括无线预警广播、铜锣、手摇报警器、高频口哨等。简易监测预警设备如图 7-20 所示。

简易雨量报警器是在山洪灾害防御实际工作中创造出来的,并不断改进升级。现用简易雨量报警器由室外承雨器和室内告警器两部分组成:室外承雨器采用翻斗式雨量计采集降雨,采集到的雨量数据通过无线或有线传输发送至室内告警器;室内报警器具有雨量统计功能,

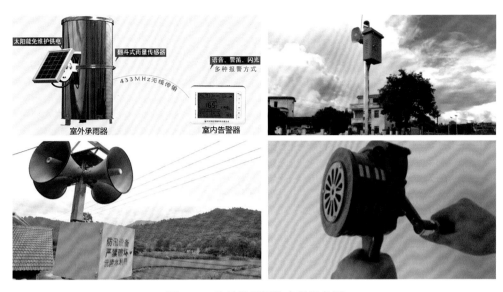

图 7-20　简易监测预警广播设备图

通过微处理器分析和判断降雨数据，达到临界雨量发出声、光、语音多种方式报警，警告群众警惕可能暴发的山洪并开始组织转移。简易雨量报警器一般安装在周围空旷平坦，不受地形、树木和建筑物影响的地方。简易雨量报警器使用时需预设报警阈值，可依据山洪灾害调查评价工作中计算确定的预警指标来设定，并在实际的运用中，应根据当地的实际情况进行调整。

简易水位报警器最初为木桩、石柱型简易水尺桩或标注水位刻度，以方便监测员直接读数，并根据各监测点实际情况，标注预警水位。一般用防水耐用油漆醒目标注"警戒水位、转移水位、历史最高水位"等特征水位线或标识，既可观测水位，又可以起到宣传作用。近年效仿简易雨量报警器，简易水位站也增加了报警功能，具有实时水位监测、预警水位（准备转移、立即转移）指标设定、报警及报警数据查看等功能。当河流水位达到预警指标时，可通过声、光信号自动进行原位报警，同时通过无线和有线方式将预警信号传输至下游报警终端，通过声、光同步报警。简易水位报警器内设的报警阈值（水位预警指标）是指防灾对象上游具有代表性和指示性地点的水位，洪水从水位代表性地点演进至预警对象控制断面处，可能会造成山洪灾害。

山洪灾害预警信息发布有多种现代化的方式和途径，如手机通信、短信息、电视、广播等，但预警信息发送最有效最重要的设备是基层简易预警设备，包括无线预警广播、铜锣、鼓、手摇报警器等。无线预警广播是一种接收多种预警信号源并进行放大，以驱动扬声器产生高分贝音源传递给山洪灾害防治区群众的预警设备。可与广电系统的村村通大喇叭工程统筹建设与应用，大范围覆盖山洪灾害防御区域。预警广播系统由广播发射端和广播终端组成，发射端接收县、乡、村各级监测预警平台和群测群防设施设备的预警信息，并将预警信息发送到居民户使用的预警广播终端。其他预警设备有手摇警报器、铜锣、鼓、高频口哨、手持扩音器、对讲机等，这些设备具有经济实惠、操作简便的优点，在电力中断、通信中断等情况下，成为传递预警信息的最后一道保障。

5. 宣传、培训与演练

宣传、培训和演练是山洪灾害群测群防体系的重要组成部分，通过培训和演练，让山洪灾害防治区居民认识到防御山洪灾害和溺水的重要性，进一步提高人们对山洪灾害的认识和理解，有效地提高自救能力。

宣传的目的是进一步提高山区群众对山洪灾害的认识，强化躲灾、避灾意识。形式为出动宣传车，展示标语、横幅、宣传栏，设立警示牌，编印发送山洪灾害防御手册等多种形式的宣传措施。宣传材料具体要求包括：印刷《山洪灾害防御知识宣传手册》，语言通俗易懂，图文并茂，宣传山洪灾害防御知识；制作山洪灾害防御宣传光碟及录音带，内容包括山洪灾害的成因、危害、特点、防御组织机构、预警信号、避险注意事项、预警监测设施的保护等内容；制作《山洪灾害防御明白卡》，内容包括防御对象名称、各级负责人、避险地点、避险路线、联系电话等；制作宣传牌、宣传栏，在山洪灾害危险区各乡（镇）制作宣传牌、各行政村制作宣传栏，公布当地防御山洪灾害工作的组织机构、山洪灾害防御示意图，并宣传山洪灾害防御知识；制作警示牌，在山洪灾害危险区各行政村制作警示牌，公布当地山洪灾害的危险区、安全区及转移方案。山洪灾害防治明白卡、警示牌和宣传牌如图7-21所示。

图 7-21　山洪灾害防治明白卡、警示牌和宣传牌示意图

培训是在每年汛期来临之前，对县及乡镇山洪灾害防御指挥部人员、责任人、监测人员、预警人员、村负责人进行山洪灾害专业知识培训。培训的主要内容为山洪灾害成因及特点、山洪灾害防御形势、山洪灾害防御基本知识、山洪灾害监测预警系统的运行操作流程等。县级山洪灾害防御指挥部组织对相关人员进行本县山洪灾害监测预警系统组成及技术、数据信息

汇集及预警平台或信息终端使用与维护、计算机网络故障诊断和处理方法、自动监测站操作维修与运行管理、人工及简易监测站观测及报汛等技术培训，保障监测预警系统的正常运行。乡镇级山洪灾害防御指挥机构组织对简易监测站、人工监测站监测人员进行雨量和水位观测方法、山洪预警信息传输、预警信息传递方法等培训，提高山洪灾害监测的可靠性和准确性；组织对村（组）信息员、信号发布员进行信息收集、整理方法，预警信号发布方式方法的培训，保障群测群防工作有序、有效开展。

演练的目的是组织群众进行避灾演习活动，提高群众的灾害防范意识，使每位群众都清楚转移路线、安置地点。山洪灾害严重区域的乡镇每年汛前结合修编预案，及时组织开展一次山洪灾害避灾演练，使每位群众都清楚转移路线、安置地点，即使在电力、通信等中断的情况下不乱阵脚，安全转移。演练内容包括应急响应、抢险、救灾、转移、后勤保障、安置等。

7.3　小流域案例分析

7.3.1　云南省昭通市昭阳区

1. 基本情况及山洪灾害现状

昭阳区位于云南省东北端，103°1′～103°09′E，27°01′～27°06′N，是昭通市委、市政府所在地，是昭通市政治、经济、文化活动的中心。昭阳区地处云贵高原西北部，金沙江下游南岸，地势西高东低，海拔为 494～3 364 m。昭阳区的坝区占土地总面积的 33.6%，山区占 64.3%，江边河谷地带占 2.1%。

昭阳区属低纬度、高海拔、受季风控制和弧形台阶地形影响的季风高原气候。四季不分明，但干湿两季分明，干季降水稀少，旱情普遍，雨季降水集中，多洪涝灾害。多年平均气温 11.6℃，多年平均降雨量 725.5 mm，气候垂直地带性显著。昭阳区境内河流均属金沙江流域横江水系，主要支流有洒渔河、盘河、大寨河。

昭阳区土壤主要为黄壤、黄棕壤和紫色土，还有少量的黑色石灰土、棕壤土、红壤土、水稻土、燥红土和潮土。昭阳区植物主要有干热稀树落叶阔叶林，湿热常绿阔叶林，半干旱常绿针叶阔叶林混交林，暖温潮湿常绿阔叶针叶混交林，温凉湿润常绿针叶林，冷凉湿润常绿阔叶针叶林，寒凉潮湿常绿阔叶林。昭阳区森林覆盖率 12.4%，林地和灌木林覆盖率约为 14%。昭阳区辖 20 个乡镇办事处，有 129 个村、49 个社区，辖区面积 2 167 km^2，总人口 84.672 3 万人，城市化率 33.15%。

受地质条件和气候条件的影响，昭阳区属云南省山洪灾害多发区。由于小流域面积和河道的调蓄能力较小，坡降较陡，一遇较强降雨，河道水位急涨，而散布于山丘区的小城镇和居民点多位于平川谷地，基本处于无设防状态，缺乏有效的工程手段，极易导致沿河农田、道路及房屋等被冲毁，造成严重的山洪灾害。从 2008～2011 年的统计数据可以发现，四年间昭阳区先后发生规模以上山洪灾害 4 起（表 7-10），给人民生命财产安全造成了严重的损失。不仅如此，山洪灾害还次生了众多滑坡、崩塌隐患，这些隐患点在暴雨等因素诱发下极有可能突发成灾，直接威胁当地群众的生命财产安全。

表 7-10 2008~2011 年山洪灾害影响情况统计表

序号	发生时间	涉及地点	灾害描述
1	2008 年	靖安乡、盘河乡、苏甲乡、布嘎乡等	盘河流域、洒渔河、新店子沟、乐居小河山洪暴发,农田房屋受损
2	2009 年	永丰镇、旧圃镇	虹桥河、昭鲁大河淹没农田,粮食减产 925 t,经济损失 129.5 万元
3	2010 年	布嘎乡、大山包乡	山洪暴发导致山体滑坡,农田、房屋受损
4	2011 年	小龙洞乡、靖安乡、盘河乡、苏家院乡	单点暴雨,土地受灾

2. 基础数据准备

本节拟定以乐居乡仁和村大木桥和永丰镇新民居委会海口桥所在小流域为例,阐述过程风险评估和预警指标计算分析评价的基本步骤和应该注意的关键环节。上述 2 个防灾对象所在小流域的位置如图 7-22 所示。

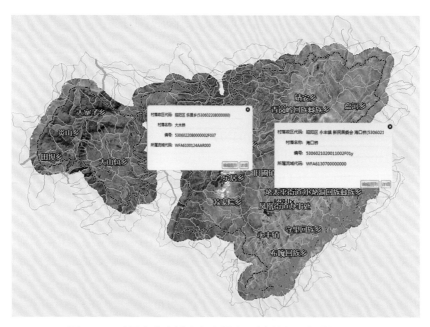

图 7-22 乐居乡大木桥和永丰镇海口桥所在小流域位置图

乐居乡仁和村大木桥位于昭通市昭阳区中南部长地沟河边,河流属于长江干流水系,村落位于 103.58°E, 27.33°N 处。地貌以山地为主。根据昭阳区山洪灾害调查工作成果,大木桥河道测量了 3 个横断面、1 个纵断面、1 个洪痕点和 36 户居民户高程。由于本次测量的沿河村落众多,许多控制断面不是恰好处于流域出口处,大木桥处于流域 WFA6100121AARC00 和流域 WFA6100123AAR000 交汇处,故本次流域地理参数依据 ArcGIS 重新量算,并与底图参数进行统计对照,乐居乡仁和村大木桥的控制断面以上流域相关地理参数见表 7-11。

表 7-11 乐居乡仁和村大木桥信息和流域地理特征参数

沿河村落名称	沟道名称	经度/(°)	纬度/(°)	集水面积/km²	河长/km	比降/‰
乐居乡仁和村大木桥	地沟河	103.58	27.33	84.9	20.8	1.5

永丰镇新民居委会海口桥位于昭通市昭阳区南部昭鲁大河支流河边,河流属于昭鲁大河水系,村落位于 103.66°E, 27.27°N 处。地貌同样以山地为主。根据昭阳区山洪灾害调查工作成果,海口桥河道测量了 3 个横断面、1 个纵断面、1 个洪痕点和 24 户居民户高程。本次流域地理参数依据 ArcGIS 重新量算,并与底图参数进行统计对照,永丰镇新民居委会海口桥的控制断面以上流域相关地理参数见表 7-12。

表 7-12　永丰镇新民居委会海口桥信息和流域地理特征参数

沿河村落名称	沟道名称	经度/(°)	纬度/(°)	集水面积/km²	河长/km	比降/‰
永丰镇新民居委会海口桥	昭鲁大河支流	103.66	27.27	58.5	15.3	5.3

3. 设计暴雨计算

1）设计暴雨参数获取

设计暴雨参数的获取和点雨量计算是进行设计暴雨计算的第一步,设计暴雨参数计算涉及不同时段、不同频率暴雨量及变异系数 C_V、偏态系数 C_S 与变异系数 C_V 的比值(C_S/C_V)、点面折减系数 α、时段雨量折减系数 n_2 和 n_3 的确定。根据《云南省暴雨径流查算图表》云南省暴雨区划图查知分析对象所处的云南省暴雨分区;根据《云南省暴雨统计参数图集》附图中的云南省年最大 10 min、1 h、6 h 和 24 h 雨量均值和 C_V 值格网图,结合昭阳区工作底图,可获取设计对象所处小流域的 10 min、1 h、6 h 和 24 h 的暴雨均值和 C_V 值;基于以上成果,获得各分析评价对象的 10 min、1 h、6 h 和 24 h 的暴雨均值和 C_V 值,按照 $C_S=3.5C_V$,查《云南省暴雨径流查算图表》的"皮尔逊 III 型曲线模比系数 K_p 值表",可得各计算单元不同设计频率的设计点雨量。

根据分析区域的位置和小流域面积查《昭通地区水文特性研究》的"分区综合时面深关系表",插值可得到各小流域不同时段的点面雨量转换系数,乘以设计点雨量可得设计面雨量。昭阳区处于昭通地区暴雨分区的南区,按照南区的综合时面深关系,插值计算得到昭阳区各小流域的点面雨量转换系数。根据《昭通地区水文特性研究》提供的公式分别计算各小流域时段雨量折减系数 n_2 和 n_3,公式中涉及的昭阳区 1 h、6 h 和 24 h 的典型时段设计暴雨量由上述步骤计算得到。

收集得到 2 个典型评估对象暴雨参数见表 7-13。

表 7-13　评估对象暴雨参数成果表

评估对象	暴雨分区 13 区			模比系数 K_p					暴雨点面转换系数
	时段	均值	C_V	C_S/C_V	20%	10%	5%	2%	1%
大木桥	10 min	15.5	0.40	3.5	1.28	1.53	1.77	2.08	2.30	1.000
	1 h	36.5	0.45	3.5	1.31	1.59	1.88	2.24	2.51	0.970
	6 h	47.0	0.45	3.5	1.31	1.59	1.88	2.24	2.51	0.972
	24 h	64.3	0.43	3.5	1.29	1.57	1.83	2.18	2.43	0.975
	暴雨折减系数	n_2			0.14	0.14	0.14	0.14	0.14	
		n_3			0.22	0.21	0.21	0.20	0.20	

续表

评估对象	暴雨分区 13 区				模比系数 K_p					暴雨点面转
	时段	均值	C_V	C_S/C_V	20%	10%	5%	2%	1%	换系数
海口桥	10 min	14.0	0.41	3.5	1.28	1.54	1.79	2.11	2.34	1.000
	1 h	35.0	0.46	3.5	1.31	1.61	1.90	2.28	2.56	0.947
	6 h	46.5	0.44	3.5	1.30	1.58	1.86	2.21	2.47	0.950
	24 h	64.0	0.43	3.5	1.29	1.56	1.82	2.16	2.41	0.956
暴雨折减系数		n_2			0.15	0.15	0.14	0.14	0.14	
		n_3			0.21	0.20	0.20	0.20	0.19	

2）设计暴雨量计算

时段设计暴雨量计算是暴雨计算的第二步。考虑昭通市昭阳区山洪灾害预警的实际需求，小流域设计暴雨历时选择 10 min、1 h、3 h、6 h 和 24 h 共计五种典型时段。其他时间段设计暴雨量则采用《昭通地区水文特性研究》提供的方法进行计算。

以乐居乡仁和村大木桥和永丰镇新民居委会海口桥为例，各防灾对象设计暴雨量计算成果见表 7-14。

表 7-14　沿河村落设计暴雨量成果表　　　　（单位：mm）

分析对象	K_p	时段					
		10 min	1 h	3 h	6 h	12 h	24 h
大木桥	20%	20	46	54	60	69	81
	10%	24	57	66	73	85	98
	5%	28	67	78	86	99	115
	2%	32	80	93	103	118	136
	1%	36	89	104	115	132	152
分析对象	K_p	时段					
		10 min	1 h	3 h	6 h	12 h	24 h
海口桥	20%	18	43	52	58	67	77
	10%	22	53	63	70	81	94
	5%	25	63	74	82	95	109
	2%	30	76	89	98	113	129
	1%	33	85	99	109	126	144

3）设计暴雨时程分配

暴雨时程分配是根据《云南省暴雨径流查算图表》提供的方法计算：首先使用式（6-26）计算评估小流域 1 h 至 24 h 各时间段的设计面暴雨量；根据分析对象所处的暴雨分区信息，查《云南省暴雨径流查算图表》的附表 1 "云南省分区综合点、面折减系数关系表"，得到 1 h、3 h、6 h、12 h、18 h 和 24 h 共 6 个历时的面衰减系数（$\alpha\%$），并内插得到其他历时的衰减系数

（α%）；用各时间段的设计点暴雨量乘以相应时段的面衰减系数（α%），即得逐时段设计暴雨量（H_{tp}）；将计算得到的各时段设计暴雨量前后相邻两值相减，求得逐时由大到小顺序排列的设计暴雨量（H_{ip}）；根据分析对象所处的暴雨分区，在《云南省暴雨径流查算图表》的附表 2 "云南省一日暴雨分区综合雨型表"中获得暴雨时段排序信息，并将设计暴雨量按雨型信息进行分配，即得到该频率下暴雨时程分配结果。

4）水文地理法

汇流计算按照以下公式进行：

$$Q_m = CP_d F^n \tag{7-5}$$

其中：Q_m 为多年平均最大洪峰流量（m^3/s）；C 为地理参数（无量纲）；P_d 为多年平均最大一日面暴雨量（mm）；F 为流域汇水面积（km^2）；n 为指数（无量纲）。

汇流时间则按以下公式计算：

$$\tau = \frac{0.278 \cdot A \cdot T}{Q_m} \tag{7-6}$$

其中：A 为流域汇流面积（km^2）；T 为洪水持续时间（h）。

水文地理法计算洪峰流量涉及的参数包括：C 为地理参数（无量纲）；P_d 为多年平均最大一日面暴雨量（mm）；F 为流域汇水面积（km^2）；n 为指数。地理参数 C，是反映地理特性综合系数，根据《昭通地区水文特性研究》附图"昭通地区洪峰综合系数 C 值分布图"查得；多年平均最大一日面暴雨量 P_d 由《昭通地区水文特性研究》中的"昭通地区多年平均最大一日暴雨等值线图"查得；流域汇水面积 F 通过 ArcGIS 工具分析获得；n 为定值 0.75。

根据上述参数计算可得年均最大洪峰流量值，同时由《昭通地区水文特性研究》附图"昭通地区标准面积（100 km^2）洪峰流量 C_V 等值线图"得到洪峰流量的 C_V 值，C_S/C_V 的值定为 4.0，由此可以计算不同频率下的洪峰流量模比系数，从而得到不同频率下的洪峰流量。乐居乡仁和村大木桥和永丰镇新民居委会海口桥水文地理法计算参数和计算结果分别见表 7-15 和表 7-16。

表 7-15　大木桥和海口桥水文地理法计算参数

参数	C	P_d/mm	F/km^2	n	C_V	C_S/C_V
大木桥	0.024	64.0	14.9	0.75	0.72	4.0
海口桥	0.020	62.5	28.5	0.75	0.70	4.0

表 7-16　大木桥和海口桥水文地理法计算洪峰流量　　　　　　（单位：m^3/s）

频率	20%	10%	5%	2%	1%
大木桥	21	34	49	71	89
海口桥	86	130	180	251	308

5）净雨计算–瞬时单位线法

净雨分析是分析流域的产流过程，根据设计暴雨计算成果，由点面转换得到的流域面雨量及其对应的时程分配数据，结合昭通市昭阳区的实际情况，采用《云南省暴雨径流查算图表》提供的初损后损法计算实际净雨过程：首先根据《云南省暴雨径流查算图表》附图中的"云南省产流参数分区图",查得乐居乡仁和村大木桥和永丰镇新民居委会海口桥位于产流参数第一分区,该区的综合产流参数值分别是:最大土壤含水量 W_m 为 100 mm,前期土壤含水量 W_t 为 85 mm,后期平均损失量 f_c 为 2.2 mm/h,降径关系不平衡缺水量 ΔR 为 10 mm,雨期日蒸发量按 $E=3$ mm/d。则该区域的初损量 $=W_m-W_t=15$ mm;自设计暴雨时程分配过程第一时段降雨量起,累加各时段设计暴雨量,直至达到初损量 W_0,进行前期损失量扣除;将扣除前期损失量后的设计暴雨时程分配过程各时段的暴雨值 H_{ip} 与后期平均损失量 f_c 进行比较,当 H_{ip} 大于 f_c 时,时段暴雨量减去 f_c,反之,以 H_{ip} 扣除;在剩余的时段中,以每小时 $(\Delta R+E)/t$ 值进行扣除,其中,t 为剩余时段数。

以乐居乡仁和村大木桥 $P=1\%$ 设计暴雨净雨量计算为例,土壤初损量为 $W_m-W_t=15$ mm,按顺序累计扣除,1~2 时段总雨量为 7.8 mm,全部扣除后还差的 7.2 mm 从第 3 时段雨量 9.2mm 中扣除,则第 3 时段还剩 2 mm 雨量;第 3 时段稳渗扣除量为全部的 2 mm 雨量,其余时段按照稳渗 2.2 mm 进行扣除,可以看出,第 4 至 12 时段雨量大于 2.2 mm,扣除稳渗后尚有雨量;第 4 至 12 时段雨量还需均匀扣除不平衡缺水量和雨期蒸发量之和 $\Delta R+E$,其值为 $(10+3)/9=1.4$ mm,扣除后得到第 4 和第 5 时间段的净雨值,分别为 85.6 mm 和 2.2 mm,具体计算过程及结果见表 7-17。

表 7-17 大木桥和海口桥 $P=1\%$ 设计暴雨净雨计算表 （单位:mm）

时段	大木桥					海口桥				
	降雨过程	扣初渗	扣稳渗	扣$(E+\Delta R)$	净雨	降雨过程	扣初渗	扣稳渗	扣$(E+\Delta R)$	净雨
1	3.5					3.3				
2	4.3					4.1				
3	9.2	2.0				8.7	1.1			
4	89.2	89.2	87.0	85.6	85.6	84.9	84.9	82.7	81.3	81.3
5	5.8	5.8	3.6	2.2	2.2	5.5	5.5	3.3	1.9	1.9
6	3.6	3.6	1.4			3.4	3.4	1.2		
7	3.2	3.2	1.0			3.0	3.0	0.8		
8	2.9	2.9	0.7			2.8	2.8	0.6		
9	2.9	2.9	0.7			2.7	2.7	0.5		
10	2.7	2.7	0.5			2.5	2.5	0.3		
11	2.5	2.5	0.3			2.3	2.3	0.1		
12	2.3	2.3	0.1			2.2	2.2	0		
13	2.1	2.1				2.0	2.0			
14	2.0	2.0				1.9	1.9			
15	1.9	1.9				1.8	1.8			
16	1.8	1.8				1.7	1.7			
17	1.7	1.7				1.6	1.6			
18	1.6	1.6				1.5	1.5			

续表

时段	大木桥					海口桥				
	降雨过程	扣初渗	扣稳渗	扣$(E+\Delta R)$	净雨	降雨过程	扣初渗	扣稳渗	扣$(E+\Delta R)$	净雨
19	1.6	1.6				1.5	1.5			
20	1.5	1.5				1.4	1.4			
21	1.4	1.4				1.4	1.4			
22	1.4	1.4				1.3	1.3			
23	1.3	1.3				1.3	1.3			
24	1.3	1.3				1.2	1.2			
合计	151.7	136.7	95.3	87.8	87.8	144.0	129.0	89.5	83.2	83.2

由纳希瞬时单位线计算原理可知,只要求出参数 n、K 便可计算得瞬时单位线,昭通市昭阳区的瞬时单位线计算流程如下。

首先,计算主净雨峰的时段平均强度,主净雨峰的时段平均强度用 $i_主$ 表示,采用滑动平均法计算 3 h 平均雨强,其最大值即为主净雨平均强度 $i_主$,为反映不同雨强对汇流系数的影响,即考虑"非线性"外延或修正,经分析,设计、校核标准的主净雨强度 $i_主$ 取值方式参照如下:

$$i_主=\begin{cases}10, & F\leqslant100\text{ km}^2, i_净\geqslant10\text{ mm}\\15, & F\geqslant100\text{ km}^2, i_净\geqslant15\text{ mm}\\25, & F\geqslant200\text{ km}^2, i_净\geqslant25\text{ mm}\\i_净, & \text{其他}\end{cases} \tag{7-7}$$

根据评价对象所在的位置查《云南省暴雨径流查算图表》中的附图"汇流系数分区图",得到汇流系数 C_m 和 C_n,由于昭阳区处于汇流分区图第 1 分区,得到 C_m 和 C_n 的值分别为 0.33 和 0.70。

从山洪灾害数据采集终端中获取小流域的面积 F、河长 L、坡降 J,并计算流域形状系数 $B=F/L^2$,然后根据式(7-8)和式(7-9)计算 n 值和 K 值。

$$n=C_n F^{0.161} \tag{7-8}$$

$$K=\frac{C_m F^{0.262} J^{-0.171} B^{-0.476}\left(\dfrac{i_主}{10}\right)^{-0.84F^{-0.109}}}{n} \tag{7-9}$$

用 K 值推求计算时段($\Delta t=1$ h)单位线的 t/K,根据 n 和 t/K 的值查纳希瞬时单位线 $S(t)$ 曲线查算表,得 $S(1,t)$。用相邻后一时段 $S(1,t+1)$ 减前一时段 $S(1,t)$ 值,即得 $\Delta t=1$ h 的时段单位线纵坐标 $u(1,t)$ 的值,适当修正,使其纵值之和为 1。将逐时段设计净雨量分别与时段单位线纵坐标 $u(1,t)$ 逐一相乘,并顺序下移一格后作横向累加,即得设计地面径流深过程。

地下径流部分主要有两部分组成,潜流和基流。潜流始于地表洪水过程的起涨点,其过程概化为一等腰三角形,潜流洪峰洪量出现在地表洪水过程的终止点,峰值 $Q=\sum\overline{f_c}F/3.6t$(其中 t 为地表洪水过程历时)。地表洪水起涨处潜流量为 0,起涨后依次计算各时段末的潜流流量,第($t-1$)h 末即为地表洪水终止处的流量,此后是潜流的退水段,为等腰三角形的右一半直角三角形的"下降斜边"。根据评估对象所在小流域的汇流系数分区查"云南省产、汇流分区说明表",查得流域每 $100~\text{km}^2$ 基流值,再乘以 $F/100$,即得该流域的基流量。将地面径流过程与地下径流过程相叠加,即可得到设计频率的径流过程。乐居乡仁和村大木桥和永丰镇新民居委会海口桥不同频率设计洪水过程线如图 7-23 所示。

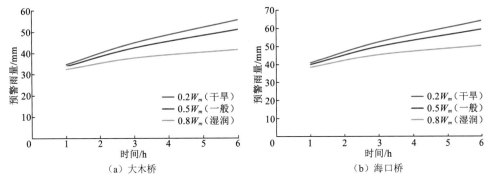

（a）大木桥　　　　　　　　　　（b）海口桥

7-23　大木桥和海口桥预警雨量计算结果

7.3.2　湖南省益阳市沅江市

1. 基本情况及山洪灾害防治现状

沅江市位于湖南省北部,益阳市东北部,全市总面积 $2~019.7~\text{km}^2$。市域面积按地貌特征可划分为湖区和丘岗区。湖区面积为 $1~723.01~\text{km}^2$,占全市总面积的 85.31%;丘岗区面积为 $296.69~\text{km}^2$,占全市总面积的 14.74%。市内常年或季节性河流有 21 条,总长达 196 km。沅江市气候属亚热带湿润季风气候,光热充足,降水适中。多年平均降雨量为 1 320 mm。全市共辖 12 个乡（镇）、1 个经济开发区、2 个街道、2 个芦苇场,总人口约 75.64 万人。

通过沅江市山洪灾害防治非工程措施项目建设,在 2013 年 5 月、6 月的几次强降雨天气过程中,实时监测了境内几大水库、内湖的水位情况,并科学进行了调度,利用系统及时发布了 2 800 多条预警信息,安全转移 600 多人,起到了较好的防灾减灾效果。

山洪灾害防治非工程措施,具有明显的社会效益和经济效益。在信息采集、通信、计算机网络等方面自动化水平、工作效率效果、及时准确程度、防洪调度分析手段等都上了一个新的台阶。雨量、水位实现了自动采集、长期自记、固态存储、数字化自动传输,提高了观测精度和时效性。其意义:一是使山洪灾害防御工作从传统工作方式向现代化迈进了一大步;二是促进了水利信息化的发展;三是提高了行业管理水平。

2. 典型小流域数据情况

以南嘴镇和谐村叶家咀和三眼塘镇洞兴村七鸭子三组所在小流域为例,阐述山洪灾害过程风险评估与预警指标计算的基本步骤和应该注意的关键环节。根据工作底图中的影像资料及河道纵比降断面测量成果可以看出,评估对象所处的河道比降较大,控制断面以上流域多为山地类型,易发生山洪灾害,对此进行山洪灾害分析评价十分必要。

根据全国统一下发工作底图中的基础数据,可以获得 2 个典型小流域的基本信息(表 7-18 和表 7-19)。

表 7-18 评估典型小流域信息表

流域所在政区	南嘴镇和谐村	三眼塘镇洞兴村
行政区编码	430981107203100	431381204202000
流域编码	WFF0000121000000	WFF0000121000000
所属水系	洞庭湖水系	洞庭湖水系
流域面积/km²	5.89	11.22
流域周长/km	33.15	27.15
流域平均坡度/（°）	0.245 6	0.211 8
流域最长汇流路径长度/km	4.36	5.86
流域最长汇流路径比降/‰	12.1	11.2
流域最长汇流路径比降（10%～85%）/‰	16.3	12.2

表 7-19 评估对象信息

政区名称	叶家咀	七鸭子三组
政区编码	430981107203100	431381204202000
所在乡镇	南嘴镇	三眼塘镇
所在行政村	和谐村	洞兴村
所在沟道	和谐村沟	洞兴村沟
控制点经度/（°）	112.318 2	112.380 6
控制点纬度/（°）	28.988 9	28.760 5

3. 汇流时间试算

出于安全性的原则，以 100 年一遇设计洪水的汇流时间作为估算汇流时间。首先，根据流域内防灾对象以上流域面积、河流坡降、河道长度、植被地貌等自然地理条件，确定 100 年一遇 24 h 点暴雨量；其次，将点暴雨量转换为面暴雨量，并推求设计暴雨 24 h 的时程分配；再次，进行设计净雨过程计算；最后，点绘 R_t–t–t 曲线。根据面积大小，设若干个整数 t，使用推理公式计算相应的汇流时间 τ 值，在方格上点绘 Q_m–t 和 Q_m–τ 曲线，两线交点所对应纵坐标，即为所求的汇流时间 τ 值。各小流域图解法 Q_m–t 和 Q_m–τ 曲线图如图 7-24 和图 7-25 所示。

采用上述方法对 2 个典型小流域相关参数和汇流时间计算，结果见表 7-20。

表 7-20 典型小流域汇流时间计算参数和成果表

评估对象	南嘴镇和谐村叶家咀	三眼塘镇洞兴村七鸭子三组
行政区代码	430981107203100	431381204202000
流域面积/km²	5.89	11.22
流域最长汇流路径长度/km	4.36	5.86
流域最长汇流路径比降/‰	12.1	11.2
汇流时间/h	4.7	5.2

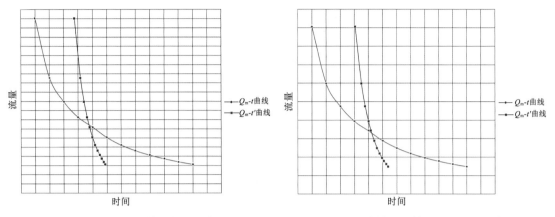

图 7-24　南嘴镇和谐村叶家咀洪峰　　　图 7-25　三眼塘镇洞兴村七鸭子三组洪峰
　　　　　流量–时间曲线　　　　　　　　　　　　　流量–时间曲线

4. 设计暴雨计算

第一步，根据《湖南省暴雨洪水查算手册》（以下简称《手册》）附图 1 "湖南省暴雨一致区区划图"查知评估对象所处的湖南省暴雨分区；第二步，对《手册》附图 5 至附图 12 湖南省 10 min、1 h、6 h 和 24 h 雨量均值和 C_V 值等值线图进行处理，结合沅江市工作地图，对暴雨图集资料进行数字化并与沅江市小流域叠加，可获取 10 min、1 h、6 h 和 24 h 的暴雨均值和 C_V 值；第三步，获得各评估对象的 10 min、1 h、6 h 和 24 h 的暴雨的均值和 C_V 值，按照 $C_S=3.5C_V$，查《手册》的 "皮尔逊 III 型曲线模比系数 K_p 值表"，计算不同设计频率的设计点雨量，根据《山洪灾害分析评价技术要求》，暴雨频率选择了 5 年一遇、10 年一遇、20 年一遇、50 年一遇、100 年一遇 5 种频率；第四步，根据评估对象小流域的面积查《手册》的 "湖南省短历时暴雨时面深 α–H–F 关系图"，可得到各小流域不同时段的点面雨量转换系数，乘以设计点雨量可得设计面雨量；第五步，根据评估对象 24 h 降雨均值和所在小流域的面积查《手册》的 "n_2–F–H_{24} 关系图" 和 "n_3–F–H_{24} 关系图"，可得到各小流域时段雨量折减系数 n_2 和 n_3。

根据以上步骤，计算得到 2 个评估对象暴雨参数，见表 7-21。

表 7-21　评估对象暴雨参数成果表

评估对象	C_S/C_V				3.5			
	时段		10 min	1 h	6 h	24 h	时段折算系数	
	H/mm		17	39	68	105	n_2	n_3
南嘴镇和谐村叶家咀	K_p	1.19	1.28	1.25	1.32	1.36	0.708	0.774
		1.33	1.53	1.46	1.64	1.79	0.723	0.784
		1.46	1.78	1.65	1.95	2.22	0.735	0.792
		1.62	2.08	1.89	2.35	2.80	0.747	0.800
		1.74	2.31	2.07	2.65	3.24	0.755	0.805

评估对象	C_S/C_V		\multicolumn{4}{c}{3.5}			
		时段	10 min	1 h	6 h	24 h	\multicolumn{2}{c}{时段折算系数}
		H/mm	17	39	66	93	n_2	n_3
三眼塘镇洞兴村七鸭子三组	K_p	20%	1.19	1.21	1.23	1.23	0.708	0.774
		10%	1.33	1.36	1.40	1.40	0.723	0.784
		5%	1.46	1.50	1.57	1.57	0.735	0.792
		2%	1.62	1.68	1.77	1.77	0.747	0.800
		1%	1.74	1.81	1.92	1.92	0.755	0.805

时段设计暴雨量计算是暴雨计算的第二步。考虑沅江市山洪灾害预警的实际需求，小流域设计暴雨历时选择 10 min、1 h、3 h、6 h 和 24 h 共计五种典型时段。其他时间段设计暴雨量则采用《手册》提供的方法，采用式（7-10）进行计算：

$$\begin{cases} H_t = H_{24} \cdot 24^{n_3-1} \cdot 6^{n_2-n_3} \cdot t^{1-n_2}, & 1 \leqslant t \leqslant 6 \\ H_t = H_{24} \cdot 24^{n_3-1} \cdot 12^{n_2-n_3} \cdot t^{1-n_2}, & 6 \leqslant t \leqslant 24 \end{cases} \tag{7-10}$$

以南嘴镇和谐村叶家咀和三眼塘镇洞兴村七鸭子三组为例，各防灾对象设计暴雨计算成果见表 7-22。

表 7-22　沿河村落设计暴雨成果表

评估对象	K_p	\multicolumn{6}{c}{时段}					
		10 min	1 h	3 h	6 h	12 h	24 h
南嘴镇和谐村叶家咀	20%	19.77	44.81	69.39	91.44	102.39	114.66
	10%	23.04	54.12	84.98	112.97	123.68	135.41
	5%	26.09	63.05	100.06	133.90	144.07	155.00
	2%	29.93	74.49	119.49	161.00	170.15	179.81
	1%	32.73	82.94	133.93	181.21	189.43	198.02
三眼塘镇洞兴村七鸭子三组	20%	20.91	42.09	68.45	93.03	101.92	111.65
	10%	24.25	50.61	83.92	115.46	123.11	131.27
	5%	27.37	58.75	98.88	137.32	143.39	149.73
	2%	31.28	69.16	118.17	165.69	169.33	173.06
	1%	34.13	76.84	132.51	186.88	188.50	190.14

暴雨时程分配根据暴雨图集中的 24 h 典型时序进行分析：首先根据暴雨分区结果选择对应分区的最大 24 h 概化雨型时程分配表，然后将计算得到的 1 h、3 h、6 h 和 24 h 典型时段设计暴雨量代入概化雨型分配表的相应单元，计算并得到各时段历时位置百分数。其他时段的时程分配采用同频率相包的形式，根据汇流时间内的雨序与典型雨序相同的原则进行降雨分配计算。南嘴镇和谐村叶家咀和三眼塘镇洞兴村七鸭子三组汇流时间设计暴雨时程分配百分比见表 7-23。

表7-23 汇流时间对应设计暴雨时程分配表

分析对象	汇流时间/h	时段	各频率设计暴雨时程分配/mm				
			P=20%	P=10%	P=5%	P=2%	P=1%
南嘴镇和谐村叶家咀	2	1	13.41	16.34	19.16	22.79	25.49
		2	45.64	55.61	65.22	77.57	86.74
三眼塘镇洞兴村七鸭子三组	2	1	14.71	17.91	20.99	24.94	27.87
		2	42.49	51.72	60.61	72.03	80.50

5. 设计洪水计算

沅江市山洪灾害评估对象所处小流域较为偏远,雨量站和水文站建设条件较差,相关水文气象资料匮乏,因此,本项目设计洪水采用推理公式法和地区经验单位线法计算。

1)净雨分析

根据《手册》并结合全国山洪灾害防治项目组制定的相关技术要求,对沅江市进行综合分析,结合当地的实际情况,采用初损后损法计算实际净雨过程:首先,根据《手册》附图40的"湖南省产流分区图",获取沅江市处于产流V区,得到初损雨量 I_0 为35 mm,在不同时程的设计雨量中,扣除初损雨量 I_0,即得到不同时段的净雨过程。南嘴镇和谐村叶家咀和三眼塘镇洞兴村七鸭子三组的汇流时间对应不同频率下的设计暴雨净雨量见表7-24。

表7-24 评估对象汇流时间设计洪水的净雨量表

评估对象	汇流时间/h	时段	各频率设计暴雨净雨计算								
			P=20%			P=10%			P=5%		
			雨量/mm	扣损雨量/mm	净雨量/mm	雨量/mm	扣损雨量/mm	净雨量/mm	雨量/mm	扣损雨量/mm	净雨量/mm
南嘴镇和谐村叶家咀	2	1	13.41	13.41	0	16.34	16.34	0	19.16	19.16	0
		2	45.64	21.59	24.05	55.61	18.66	36.95	65.22	15.84	49.38
三眼塘镇洞兴村七鸭子三组	2	1	14.71	14.71	0	17.91	17.91	0	20.99	20.99	0
		2	42.49	20.29	22.2	51.72	17.09	34.63	60.61	14.01	46.6

评估对象	汇流时间/h	时段	各频率设计暴雨净雨计算								
			P=2%			P=1%					
			雨量/mm	扣损雨量/mm	净雨量/mm	雨量/mm	扣损雨量/mm	净雨量/mm			
南嘴镇和谐村叶家咀	2	1	22.79	22.79	0	25.49	25.49	0			
		2	77.57	12.21	65.36	86.74	9.51	77.23			
三眼塘镇洞兴村七鸭子三组	2	1	24.94	24.94	0	27.87	27.87	0			
		2	72.03	10.06	61.97	80.50	7.13	73.37			

2）推理公式法

从下发的沅江市山洪灾害调查评价工作底图上收集评估小流域的面积 F、河道径流汇流路径长 L 和主河道加权平均比降 J，计算对应流域的几何特征值 θ，并查阅《手册》附图 41 湖南小流域面积 $m-\theta$ 相关图，查找推理公式中的流域汇流参数 m。各小流域汇流参数见表 7-25。

表 7-25　小流域汇流参数表

评估对象	F/km^2	L/km	J	θ	m
南嘴镇和谐村叶家咀	5.89	4.36	0.012	12.224	0.452
三眼塘镇洞兴村七鸭子三组	11.22	5.86	0.011	14.397	0.492

根据流域植被情况和计算频率，查阅《手册》得到的地表径流占总径流比较系数 Ψ，根据公式 $R_{\pm}=R_{\rm 总}\times\Psi$，计算各时段地表径流深；自大到小排列各时段径流深，并按照开始时段连续累加得 R_t，列表计算 R_t/t。各评估对象计算结果见表 7-26。

表 7-26　各小流域时段径流深参数统计表

评估对象	t	1	2	3	4	5	6	7	8	9	10	11	12
南嘴镇和谐村叶家咀	$R_{\pm}$	58.06	18.63	14.46	9.80	8.84	1.09	0.73	0.70	0.61	0.59	0.35	0.25
	R_t	58.06	76.69	91.16	100.95	109.79	110.87	111.61	112.30	112.91	113.50	113.86	114.11
	R_t/t	58.06	38.35	30.39	25.24	21.96	18.48	15.94	14.04	12.55	11.35	10.35	9.51
三眼塘镇洞兴村七鸭子三组	$R_{\pm}$	58.06	18.63	14.46	9.80	8.84	1.09	0.73	0.70	0.61	0.59	0.35	0.25
	R_t	58.06	76.69	91.16	100.95	109.79	110.87	111.61	112.30	112.91	113.50	113.86	114.11
	R_t/t	58.06	38.35	30.39	25.24	21.96	18.48	15.94	14.04	12.55	11.35	10.35	9.51

使用图解法求洪峰流量 Q_m，根据面积大小，设若干个整数 t，分别使用式（7-11）和式（7-12）计算相应的 Q_m 和 τ 值，在方格上点绘 Q_m-t 和 $Q_m-\tau$ 曲线，两线交点所对应的横纵坐标，即为所求的洪峰流量 Q_m。

$$Q_m =0.278\times F\times R_t/t \tag{7-11}$$

$$\tau=\frac{0.278L}{mJ^{1/3}}\times\frac{1}{Q^{1/4}} \tag{7-12}$$

3）地区经验单位线法

单位线是指流域上单位径流所形成的出流流量过程线，即单位径流在单位时间内产生单位径流深。它在流域面上及时段内都是均匀分布的。假定流域汇流系统是线性的，即每单位径流所形成的流量过程线之间互不干扰，总流量是各单位径流所形成的流量的代数和，则已知单位线以后，就可把任何径流过程所产生的流量过程推算出来。

取单位时距为 Δt，按 Δt 间距取值，得单位线过程为 $q_1,q_2,\cdots,q_n$，径流过程为 $R_1,R_2,R_3,\cdots$，出口断面的流量过程为 $Q_1,Q_2,Q_3,\cdots$。则时段 t 末的流量可据单位线法推算。

从《湖南省暴雨洪水查算手册》提供的湖南省综合无因次单位线，选择计算对象所处位置无因次单位线，并进行标准化处理。经验单位线则根据分析小流域的地理特征，在《手册》

附表 14 中选定相应的无因次单位线，依照公式 $q_i = \dfrac{F}{3.6\Delta t} \times 10 \times \rho_i$ 将无因次单位线转换时段为 1 h 的 10 mm 单位线 q_i，以各时间段的净雨过程分别乘以时段为 1 h 的 10 mm 单位线 q_i，即得相应各时段净雨的径流过程 ΔQ_i，最后按照单位线迭加原理，将计算得到各时段净雨的径流过程累加，得到所求不同频率下的设计洪水过程。

4）设计洪水成果

综合分析比较结果显示单位线法能够较好地计算和展示不同频率的洪水过程线，因此，本项目洪水计算采用单位线法。计算得到的南嘴镇和谐村叶家咀和三眼塘镇洞兴村七鸭子三组所在小流域不同频率的设计洪水过程线，如图 7-26 所示。

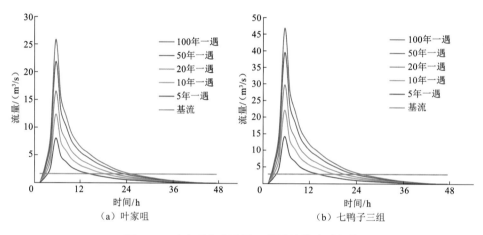

图 7-26 叶家咀和七鸭子三组设计洪水过程线

6. 人口–水位–流量关系推算

山洪灾害评估主要是确认水位–流量关系曲线和人口–水位高程曲线为目标，在此基础上完成县级防洪现状能力和山洪灾害危害评价。曲线关系确定具体流程如下。

1）水位–流量关系曲线

水位–流量关系曲线是为了反映沿河村落、重要集镇和城镇等防灾对象因所在河段的河谷形态不同，洪水上涨与淹没速度会有很大差别，对山洪灾害预警、转移响应时间、危险区危险等级划分等的影响。

本次沅江市山洪灾害调查的防灾对象多处于天然河道边，其控制断面大多为 V 形和梯形状，因此在选择水位–流量关系计算方法时，选取适用范围较广的曼宁公式。水位流量转换中，比降和糙率是两个非常重要的关键参数，两者参数值确定正确合理与否，对设计洪水计算成果具有重要影响。关于比降和糙率的确定，按照《山洪灾害分析评价要求》中规定的原则和方法。南嘴镇和谐村叶家咀和三眼塘镇洞兴村七鸭子三组控制断面基本情况如图 7-27 和图 7-28 所示。

根据目前掌握的资料基础、技术力量和分析评价的防灾对象情况，以及本次工作的主要目的考虑，在本次水位–流量关系分析中在考虑评估对象所处河道附近上下游微地形地貌、滩

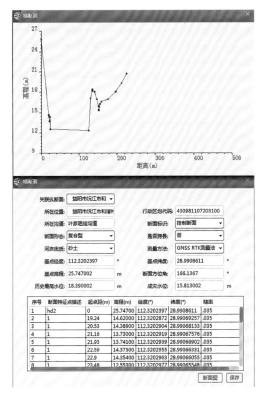
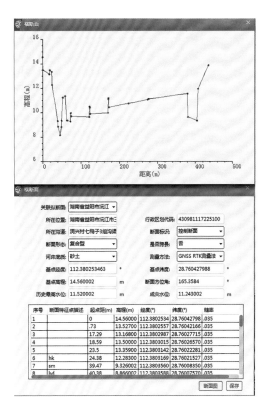

图 7-27　南嘴镇和谐村叶家咀控制断面基本情况　　图 7-28　三眼塘镇洞兴村七鸭子三组控制断面基本情况

槽扩宽与束窄、滩地死水区等因素对控制断面有效过流面积的影响的同时,暂不考虑干流对支流产生的明显顶托、泥石流、滑坡等导致的河床冲淤等情形。根据以上资料,采用曼宁公式,分析和估算两个典型沿河村落的水位–流量关系。

2）水位–人口高程曲线

　　水位–人口高程曲线绘制的目的是统计确定各频率洪水淹没高程下的累积人口和房屋,参考相关技术规范和研究。沅江市山洪灾害防治对象水位–人口高程曲线绘制流程如下:首先,收集人口和高程数据等信息;其次,基于平面投影的原理,将房屋高程数据投影到河道纵断面上;最后,结合河道纵断面实测数据和计算得到不同评估洪水对应水位值,统计确定各频率洪水淹没高程下的累积人口、水位–流量–人口关系数据。

　　按照上述规范流程确定各防灾对象房屋高程分布,以南嘴镇和谐村叶家咀和三眼塘镇洞兴村七鸭子三组为例,其高程信息经投影转换后,相关水位–流量–人口关系数据见表 7-27。

表 7-27　沿河村落水位–流量–人口关系数据

评估对象	水位/m	流量/（m³/s）	重现期/年	人口/人	户数/户	房屋数/座	备注
南嘴镇和谐村叶家咀	15.89	13.31	5	3	1	1	
	16.43	17.85	10	6	2	2	

续表

评估对象	水位/m	流量/（m³/s）	重现期/年	人口/人	户数/户	房屋数/座	备注
	16.93	22.56	20	6	2	2	
南嘴镇和谐村叶家咀	17.52	29.03	50	12	5	5	
	17.95	34.08	100	26	9	9	
	15.77	8.98	3	3	1	1	成灾水位
	10.76	29.44	5	9	2	2	
三眼塘镇洞兴村七鸭子三组	10.97	39.04	10	18	4	4	
	11.16	48.94	20	26	8	8	
	11.37	62.45	50	28	9	9	
	11.51	72.96	100	34	11	11	
	10.43	18.34	4	5	1	1	成灾水位

7. 预警指标分析

根据相关技术要求，山洪灾害预警指标主要包括：预警对象、指标分类和分级、预警指标含义、指标的应用和改进等内容。

1）预警时段确定

沅江市的预警时段确定包括以下三个步骤：根据推理公式法和单位线法分别对各小流域汇流时间进行计算，理论上可以将流域汇流时间作为预警指标的最长时段，部分小流域汇流时间较短，可根据实际情况进行适当延长；根据《山洪灾害评价技术要求》，南方湿润地区最小时段可选为 1 h，然后选取最长时段和最小时段间的整时段作为预警典型时段；充分考虑前期基础工作成果，结合流域暴雨、下垫面特性及历史山洪情况，综合分析沿河村落、集镇、城镇等防灾对象所处河段的河谷形态、洪水上涨速率、转移时间及其影响人口等因素后，确定各防灾对象的各个典型预警时段，从最小预警时段直至流域汇流时间。

2）流域土壤含水量计算

土壤含水量影响到对预警雨量的扣损，是分析确定预警指标的重要因素。按照《手册》中所示，沅江市属山区间山丘，植被一般或较好，土壤最大含水量可取为 100 mm。

3）临界雨量计算

根据沅江市沿河村落的调查情况，该防灾对象河道内自动水位观测站较少，且大多被山洪冲毁，以雨量观测为主，因此，确定防灾对象的预警类别为雨量预警。预警等级分为立即转移和准备转移两个级别。由防洪评价现状分析可知，立即转移指标以控制断面当前的致灾水位（流量）作为临界值，而准备转移指标，根据设计洪水数据进行估算，考虑到洪水涨速及河谷地形等因素影响，以距离立即转移水位 50 cm 作为准备转移指标。经综合分析与估算，南嘴镇和谐村叶家咀和三眼塘镇洞兴村七鸭子三组的预警等级指标临界值见表 7-28。

表 7-28　评估对象预警等级数据表

评估对象	序号	预警等级	预警类别	临界水位/m	临界流量/（m³/s）
南嘴镇和谐村叶家咀	1	立即转移	雨量	15.77	8.98
	2	准备转移	雨量	15.27	8.02
三眼塘镇洞兴村七鸭子三组	1	立即转移	雨量	10.43	18.34
	2	准备转移	雨量	9.93	15.36

临界雨量计算，理论上是一个反复试算的过程，通常假定一个初始雨量，并按雨量及雨型分析得到相应的降雨过程，计算预警地点的洪水过程，进而比较计算所得洪峰流量与预警地点的预警流量。基于洪水和降雨频率相同的假定，采用水位–流量反推的方法计算临界雨量，具体流程如下：首先，根据设计洪水对应的频率和水位绘制水位–频率曲线；其次，将分析得到的临界水位值绘制到评估对象的水位–频率曲线上，据此查算临界水位对应的频率，根据洪水计算中洪水–降雨频率相同的假定，可以推算出临界雨量对应的频率；最后，按照《手册》提供的方法，对对应频率的雨量进行计算，该雨量为临界雨量。各等级临界雨量计算数据见表 7-29。

表 7-29　评估对象临界雨量计算成果数据表

评估对象	序号	预警等级	P/%	$H_{10\,min}$/mm	$H_{1\,h}$/mm	$H_{3\,h}$/mm	$H_{6\,h}$/mm	$H_{24\,h}$/mm
南嘴镇和谐村叶家咀	1	准备转移	41.23	11	35	61	77	85
	2	立即转移	33.30	16	42	78	96	112
三眼塘镇洞兴村七鸭子三组	1	准备转移	38.75	12	35	64	79	92
	2	立即转移	25.00	17	42	78	96	115

参 考 文 献

白世彪, 闾国年, 盛业华, 等, 2005. 基于 GIS 的长江三峡库区滑坡影响因子分析[J]. 山地学报, 23(1): 63-70.

陈剑, 李晓, 杨志法, 2005. 三峡库区滑坡的时空分布特征与成因探讨[J]. 工程地质学报, 13(3): 305-309.

陈晓利, 邓俭良, 冉洪流, 2011. 汶川地震滑坡崩塌的空间分布特征[J]. 地震地质, 33(1): 191-202.

程卫帅, 2013. 山洪灾害临界雨量研究综述[J]. 水科学进展, 24(6): 901-908.

邓培德, 1996. 暴雨选样与频率分布模型及其应用[J]. 给水排水(2): 5-9.

杜俊, 丁文峰, 范仲杰, 等, 2018. 川鄂褶皱山地溪洪–滑坡灾害与主要自然因子的关系: 以香溪河流域为例
　　[J]. 水土保持通报, 38(6): 47-53.

杜俊, 丁文峰, 任洪玉, 2015a. 四川省不同类型山洪灾害与主要影响因素的关系[J]. 长江流域资源与环境,
　　24(11): 1977-1983.

杜俊, 任洪玉, 蔡道明, 2016a. 长江流域山洪灾害防御对策新探[J]. 中国水利(10): 4-7.

杜俊, 任洪玉, 张平仓, 等, 2016b. 大空间尺度山洪灾害危险评估的比较研究[J]. 灾害学, 31(3): 66-72.

杜俊, 师长兴, 周园园, 2010. 长江上游侵蚀产沙格局及其控制因素[J]. 山地学报, 28(6): 660-667.

杜俊, 肖翔, 蔡道明, 等, 2015b. 汶川震区山洪泥石流灾害危险性评估[J]. 长江科学院院报, 32(3): 77-83.

方彬, 郭生练, 刘攀, 等, 2007. 分期设计洪水研究进展和评价[J]. 水力发电, 33(7): 71-75.

甘建军, 孙海燕, 黄润秋, 等, 2012. 汶川县映秀镇红椿沟特大型泥石流形成机制及堵江机理研究[J]. 灾害
　　学, 27(1): 5-16.

郭良, 丁留谦, 孙东亚, 等, 2018. 中国山洪灾害防御关键技术[J]. 水利学报, 49(9): 1123-1136.

郭良, 张晓蕾, 刘荣华, 等, 2017. 全国山洪灾害调查评价成果及规律初探[J]. 地球信息科学, 19(12):
　　1548-1556.

郭生练, 刘章军, 熊立华, 2016. 设计洪水计算方法研究进展与评价[J]. 水利学报, 47(3): 302-314.

何秉顺, 黄先龙, 张双艳, 2012a. 山洪沟治理工程设计要点探讨[J]. 中国水利(23): 13-15.

何秉顺, 常清睿, 褚明华, 2012b. 山洪灾害防治群测群防体系建设探析[J]. 防汛与抗旱, 13: 44-46.

黄润秋, 李为乐, 2009. 汶川大地震触发地质灾害的断层效应分析[J]. 工程地质学报, 17(1): 21-30.

金光炎, 2002. 城市设计暴雨频率曲线线型的研究[J]. 水文, 22(1): 20-22.

李雪, 李井冈, 刘小利, 等, 2016. 三峡库首区滑坡空间分布特征分析及危险性评价[J]. 大地测量与地球动力
　　学, 36(7): 630-634.

李械, 陈德琴, 康志诚, 1979. 云南东川蒋家沟泥石流发生、发展过程的初步分析[J]. 地理学报, 34(2):
　　156-167.

李大鸣, 林毅, 徐亚男, 等, 2009. 河道、滞洪区洪水演进数学模型[J]. 天津大学学报, 42(1): 47-55.

李光炽, 王船海, 2005. 流域洪水演进模型通用算法研究[J]. 河海大学学报(自然科学版), 33(6): 624-628.

李绅东, 杜俊, 沈盛彧, 等, 2018.基于调查评价数据的永善县山洪灾害危险评价[J]. 水电能源科学, 36(10):
　　72-75.

李中平, 毕宏伟, 张明波, 2008. 我国山洪灾害高易发降雨区分布研究[J]. 人民长江, 39(17): 61-63.

李中志, 2008. 基于改进 BP 神经网络的水位流量关系拟合[J]. 中国农村水利水电, 10: 30-32.

刘丽, 王建中, 王士革, 2003. 四川省泥石流灾害保险的风险分析与区划[J]. 自然灾害学报, 12(1): 103-108.

刘传正, 苗天宝, 陈红旗, 等, 2011. 甘肃舟曲 2010 年 8 月 8 日特大山洪泥石流灾害的基本特征及成因[J]. 地
　　质通报, 30(1): 141-150.

刘希林, 莫多闻, 2002. 泥石流风险及沟谷泥石流风险度评价[J]. 工程地质学报, 10(3): 266-273.

刘希林, 苏鹏程, 2004. 四川省泥石流风险评价[J]. 灾害学, 19(2): 23-28.

刘玉玲, 王玲玲, 周孝德, 等, 2010. 二维溃坝洪水传播的高精度数值模拟[J]. 自然灾害学报, 19(5): 164-169.

马建明, 刘昌东, 程先云, 等, 2014. 山洪灾害监测预警系统标准化综述[J]. 中国防汛抗旱, 24(6): 9-11.

梅超, 刘家宏, 王浩, 等, 2017. 城市设计暴雨研究综述[J]. 科学通报, 62(33): 3873-3884.

门玉丽, 夏军, 叶爱中, 2009. 水位流量关系曲线的理论求解研究[J]. 水文, 29(1): 1-3.

牛运光, 1998. 土坝安全与加固[M]. 北京: 中国水利水电出版社.

庞道沐, 2001. 论山洪防治[J]. 中国水利(11): 46-47.

乔建平, 朱阿兴, 吴彩燕, 等, 2006. 采用本底因子贡献率法的三峡库区滑坡危险度区划[J]. 山地学报, 24(5): 569-573.

邱瑞田, 2012. 山洪灾害防治县级非工程措施项目建设进展及成效[J]. 中国水利(23): 7-9.

邱瑞田, 2018. 访中国水利学会减灾专委会秘书长、原国家防汛抗旱总指挥部办公室督察专员邱瑞田: 山洪灾害防治十年建设成绩斐然[J]. 中国防汛抗旱, 28(10): 1-2.

邱瑞田, 黄先龙, 张大伟, 等, 2012. 我国山洪灾害防治非工程措施建设实践[J]. 中国防汛抗旱, 22(1): 31-33.

全国山洪灾害防治项目组, 2014. 山洪灾害调查技术要求[OL]. (2014-08-12)[2019-11-25]. www.qgshzh.com/show/1401fq04-23ba-4842-8dqe-3ec75042dd41.

芮孝芳, 张超, 2014. 论设计洪水计算[J]. 水利水电科技发展, 34(1): 20-26.

芮艳杰, 何秉顺, 汤喜春, 等, 2015. 湖南省遂宁县"2015.6.18"山洪灾害及其防御[J]. 中国防汛抗旱, 25(5): 60-63.

史培军, 2005. 四论灾害系统研究的理论和实践[J]. 自然灾害学报, 24(6): 1-7.

四川省自然资源研究所, 1984. 1981年四川暴雨洪灾[M]. 成都: 四川科学技术出版社.

苏鹏程, 韦方强, 谢涛, 2012. 云南贡山"8.18"特大泥石流成因及其对矿产资源开发的危害[J]. 资源科学, 34(7): 1248-1256.

孙东亚, 张红萍, 2012. 欧美山洪灾害防治研究进展及实践[J]. 中国水利(23): 16-17.

孙莉英, 葛浩, 庞占龙, 等, 2016. 长江流域不同类型山洪灾害受自然因素影响分析[J]. 人民长江, 47(14): 1-6.

孙南申, 彭岳, 2010. 自然灾害保险产品设计与制度构建[J]. 上海财经大学学报(3): 20-27.

唐川, 铁永波, 2009. 川震区北川县城魏家沟暴雨泥石流灾害调查分析[J]. 山地学报, 27(5): 625-630.

陶诗言, 等, 1980. 中国之暴雨[M]. 北京: 科学出版社.

王国安, 2008. 中国设计洪水研究回顾和最新进展[J]. 科技导报, 26(21): 85-89.

王家祁, 2002. 中国暴雨[M]. 北京: 中国水利水电出版社.

王克平, 许清香, 冯民权, 2008. 无资料地区小流域设计洪水计算方法研究[J]. 电网与清洁能源, 24(1): 56-59.

王孔伟, 张帆, 邱殿明, 2015. 三峡库区黄陵背斜形成机理及与滑坡群关系[J]. 吉林大学学报(地球科学版), 45(4): 1142-1154.

王礼先, 1982. 关于荒溪分类[J]. 北京林学院学报(3): 94-103.

韦方强, 谢洪, 钟敦伦, 2000. 四川省泥石流危险度区划[J]. 水土保持学报, 14(1): 59-63.

吴险峰, 刘昌明, 2002. 流域水文模型研究的若干进展[J]. 地理科学进展, 21(4): 341-348.

肖义, 郭生练, 方彬, 等, 2006. 设计洪水过程线方法研究进展与评价[J]. 水力发电, 32(7): 61-63.

谢洪, 游勇, 1994. 长江上游一场典型的人为泥石流[J]. 山地研究, 12(2): 125-128.

谢作涛, 张小峰, 谈广鸣, 等, 2005. 一维洪水演进数学模型研究及应用[J]. 武汉大学学报(工学版), 38(1): 69-72.

徐在庸, 1981. 山洪及其防治[M]. 北京: 水利出版社.

阎俊爱, 2008. 基于GIS的河道、蓄滞洪区洪水演进动态可视化仿真研究[J]. 数学的实践和认识, 38(22): 70-76.

姚昆中, 1989. 山西省山洪特点与防治措施[J]. 山西水土保持科技(2): 22-24.

袁艳斌, 袁晓辉, 张勇传, 等, 2002. 洪水演进三维模拟仿真系统可视化研究[J]. 山地学报, 20(1): 103-107.

詹道江, 邹进上, 1983. 可能最大暴雨与洪水[M]. 北京: 水利电力出版社.

张俊, 殷坤龙, 王佳佳, 等, 2016. 三峡库区万州区滑坡灾害易发性评价研究[J]. 岩石力学与工程学报, 35(2): 284-296.

张防修, 韩龙喜, 王明, 等, 2014. 主槽一维和滩地二维侧向耦合洪水演进模型[J]. 水科学进展, 25(4): 560-566.

张行南, 彭顺风, 2010. 平原区河段洪水演进模拟系统研究与应用[J]. 水利学报, 41(7): 803-809.

张平仓, 赵健, 胡维忠, 等, 2009. 中国山洪灾害防治区划[M]. 武汉: 长江出版社.

张永祥, 陈景秋, 2005. 用守恒元和解元法数值模拟二维溃坝洪水波[J]. 水利学报, 36(10): 1224-1228.

赵良军, 陈冬花, 李虎, 等, 2017. 基于二元逻辑回归模型的新疆果子沟滑坡风险区划[J]. 山地学报, 35(2): 203-211.

赵士鹏, 1996. 中国山洪灾害系统的整体特征及其危险度区划的初步研究[J]. 自然灾害学报, 5(3): 93-99.

中国防汛抗旱, 2018. 访中国水利学会减灾专委会秘书长、原国家防汛抗旱总指挥部办公室督察专员邱瑞田——山洪灾害防治十年建设成绩斐然[J]. 中国防汛抗旱, 28(10): 1-2, 7.

中国科学院水利水电科学研究院水文研究所, 1963. 中国水文图集[M]. 北京: 中国水利水电出版社.

周文德, 张永平, 1983. 城市暴雨排水设计问题的预测: 概率的考虑[J]. 水文, 1: 38-41.

足立胜治, 德山九仁夫, 中筋章人, 等, 1977. 土石流发生危险度的判定[J]. 新砂防, 30(3): 7-16.

BARRAQUÉ B, 2017. The common property issue in flood control through land use in France[J]. Journal of flood risk management, 10(2): 182-194.

CARPENTER T, SPERFSLAGE J, GEORGAKAKOS K, et al., 1999. National threshold runoff estimation utilizing GIS in support of operational flash flood warning systems[J]. Journal of hydrology, 224: 21-44.

CLARK R, GOURLEY J, FLAMIG Z, et al., 2014. CONUS-wide evaluation of national weather service flash flood guidance products[J]. Weather and forecasting, 29(2): 377-392.

GHANMI H, BARGAOUI Z, MALLET C, 2016. Estimation of intensity-duration-frequency relationships according to the property of scale invariance and regionalization analysis in a Mediterranean coastal area[J]. Journal of hydrology, 541: 38-49.

GOURLEY J, FLAMIG Z, VERGARA H, et al., 2017. The flash project: improving the tools for flash flood monitoring and prediction across the United States[J]. Bulletin of the american meteorological society, 98: 361-372.

KOSTADINOV S, DRAGIĆEVIĆ S, STEFANOVIĆ T, et al., 2017. Torrential flood prevention in the Kolubara river basin[J]. Journal of mountain science, 14(11): 2230-2245.

MERZ B, KREIBICH H, THIEKEN A, et al., 2004. Estimation uncertainty of direct monetary flood damage to buildings[J]. Natural hazards & earth system sciences, 4(1): 153-163.

MULDER F, 1991. Assessment of landslide hazard[J]. Nederlandse geografische studies, 124: 13-17.

NATIONAL WEATHER SERVICE. NWS Glossary[OL]. (2009-06-25)[2019-11-25]. (http://w1.weather.gov/glossary/index. php)

ORENCIO P M, FUJII M, 2013. A localized disaster-resilience index to assess coastal communities based on an analytic hierarchy process (AHP)[J]. International journal of disaster risk reduction (3): 62-75.

ORTIGAO A, FONSECA P, DUARTE M, 2013. Flash flood control works around the Maracanã stadium district in Rio de Janeiro, Brazil[J]. Proceedings of the institution of civil engineers, 166(6): 44-48.

SCHMIDT J, ANDERSON A, PAUL J, 2007. Spatially-variable, physically-derived, flash flood guidance[C]// Proceedings of the 21st Conference on Hydrology, 87th Meeting of the American Meteorological Society, January 15-18, San Antonio, Texas.

SHANNON C E, 1948. A mathematical theory of communication[J]. Bell system technical journal, 5(3): 3-55.

SMITH S B, FILIAGGI M T, ROE J, et al., 2000. Flash flood monitoring and prediction in AWIPS Build and beyond[C]// Presented at 15th Conference on Hydrology, American Meteorological Society, January 9-14, Long Beach, California.

TIMOTHY L. SWEENEY, H R L, THOMAS F, et al., 1999. Modernized flash flood guidance[R]. Report to NWS hydrology laboratory, 11(1999-6-23)[2019-10-20]. https://www.nws.noaa.gov/oh/hrl/ffg/modflash.htm.

TOBLER W, 1970. A computer movie simulating urban growth in the Detroit region[J]. Economic geography, 46(2): 234-240.

UNITED NATIONS DEPARTMENT OF HUMANITARIAN AFFAIRS, 1992. Internationally agreed glossary of basic terms related to disaster management[Z], DNA/93/36, Geneva.

WANG X, NIU R, 2009. Spatial forecast of landslides in three gorges based on spatial data mining[J]. Sensors, 9(3): 2035-2061.